為何粉絲少反而賺更多？

鐵粉狂下單
社群經營
變現術

ファンは
少ないほうが稼げます

作者序：助你實現做自己喜歡的事，還能賺錢的事業！

「我想要配合自己的習慣自由工作。」

「對於只靠目前的工作能否做一輩子感到不安，希望能為將來做準備，開拓其他收入來源。」

「我沒有任何其他長處，這樣也能馬上自力獲得收入嗎？」

「如果要吸引顧客，肯定要有很多粉絲吧……」

現在很多人應該都有這些想法吧？不過——

「粉絲少反而更賺錢！」

若聽到這句話，請問你會有什麼反應呢？

「如果粉絲數沒有多達幾萬或幾十萬人的程度，既不能當作事業來經營，也不會獲得收入，所以無法靠此維生。」

其實這句話有很大的誤解。

我目前的工作是與大家分享如何在部落格、電子報、網路平台等社群媒體上創業，以及如何靠自己增加粉絲人數的方法。

截至四年前為止，我一直都在大型公司擔任業務。自大學畢業進入社會，持續工作約五、六年後，我開始不斷反問自己：「這真的是我的理想工作模式嗎？」於是在我過三十一歲後，毅然決然離開公司，決定獨立創業。

我一面摸索「自己能做什麼？」，一邊從頭開始打造我的事業，直到現在，我已擁有**許多優良客戶，能在喜歡的時間、與喜歡的人、在喜歡的地點、做自己喜歡的工作。**

我想，此刻拿起本書的你應該不是想當「話題網紅」，而是大多偏向「想自由運用時間來取得收入」、「想以毫無壓力的方式跟好客戶維持商業往來」的人吧？

如果是的話，這本書一定能為你提供幫助。

接下來，我將和大家分享如何吸引真心喜歡且願意支持你的「忠實粉絲」，從零打造能夠長期擄獲人心的個人事業。

販售自己打從心底喜愛的商品，並因此收到來自顧客的感謝所帶來的喜悅，就像第一次拿到打工薪水，或是收到人生首份正職收入般的感動，不對——甚至是有過之而無不及。

不僅如此，生活在這個對未來充滿不安的時代，這樣的經驗更會成為無可取代，名為「自信」的個人資產。

無論何時，也不論你正值幾歲，實際感受到「可以憑自己的力量賺錢」不僅能消弭心中的不安，還會帶給自己前進的能量。

希望這本書能夠盡可能地幫助更多人打造充實人生，掌握自己的幸福。

藤AYA

目次

Chapter 02

打造能長期受到愛戴的事業

Chapter 03 讓顧客說出「只想跟你買商品！」

Chapter 04

如何磨練吸引忠實粉絲的資訊傳播力

Chapter 05 打造金流源源不斷的結構

Chapter 01

為什麼粉絲人數少反而更賺錢？

01 就算有大量粉絲也沒有意義

■ 即便你有「五十萬名粉絲」也不一定會大賣

「只要這樣做就能讓粉絲暴增！」——網路上到處充斥著，介紹這類訣竅或技巧的「教學網站」及影片，為了在社群網站上廣泛觸及各種客群，因此，多數人認為粉絲只求多不求精，越多越好……

實際上也許的確是這樣，不過想要有效地在社群平台上創業或經營副業，那就不該相信這種思考模式，反而要從完全相反的方向切入。

一項成功的事業與粉絲人數其實不成比例，甚至會出現「粉絲越少其實更賺錢」的情況。

舉個例子來說，假設有一位Instagram帳號擁有數十萬粉絲的網紅出了一本書，若他的粉絲通通購買一本，照理說轉眼就能成為銷量數十萬本的暢銷書，可是在現實裡我們卻幾乎沒聽過這樣的案例發生。

分析背後原因後發現，該網紅幾十萬名粉絲中，大部分都是每天只會「隨手滑過」免費文章的人，他們並不會進一步採取支持行動，而願意掏錢「購買」書籍的粉絲則寥寥無幾。

假如這位網紅有五十萬名粉絲，書本總銷量為一萬本，經過簡單計算後可得知，每五十名粉絲中僅有一人「有意願購買」該網紅所推出的書籍。

雖然上述是以出書為例，但道理可套用至所有事物。無論你有多麼大量的粉絲，實際上也不一定表示你的商品或服務必能大賣。

至於「粉絲少反而更賺錢」這種不看重粉絲數量的說法，究竟又是什麼道理呢？

有「忠實粉絲」就能夠賺錢

不管是創業還是經營副業，所有事業的成功關鍵皆在於，是否能夠吸引即使商品價

格高昂，依舊願意掏錢購買的「忠實粉絲」。

擁有大量單純追蹤帳號，但是沒有特別偏愛的「追蹤者」；擁有為數不少雖然喜歡，卻不會回購商品或服務的「普通粉絲」；擁有人數不多，但大家都對你抱有憧憬及親近感，願意給予實際支持並成為長期顧客的「忠實粉絲」。

在這三者之中，最容易衝高業績的其實是最後一個。

想要培養「忠實鐵粉」，你需要事先鎖定資訊的傳播對象。換句話說就是**「把你想表達的事物，只傳達給你想告知的人」**，「千萬不要漫無目的地胡亂增加粉絲人數」。

分享一個實際案例。我有一位經營「豐胸沙龍」的朋友，他的公司已轉為法人，擁有兩家實體店鋪，並且會在全國各地舉辦沙龍課，是一個成功的範例。

不過，這位朋友的部落格瀏覽數一天大約只有三到四百人左右，完全不算多。

即便同屬美容業，豐胸在美容業也算是特殊項目，客群比起瘦身或美肌沙龍更稀少，因此主打豐胸的部落格流量不多是很正常的現象，不過會來看部落格的讀者都是認真想提升胸圍的人，所以有很高的機率預約參加沙龍課程。

粉絲金字塔組成結構

想辦法讓普通粉絲慢慢變成忠實粉絲便能獲得穩定收益。

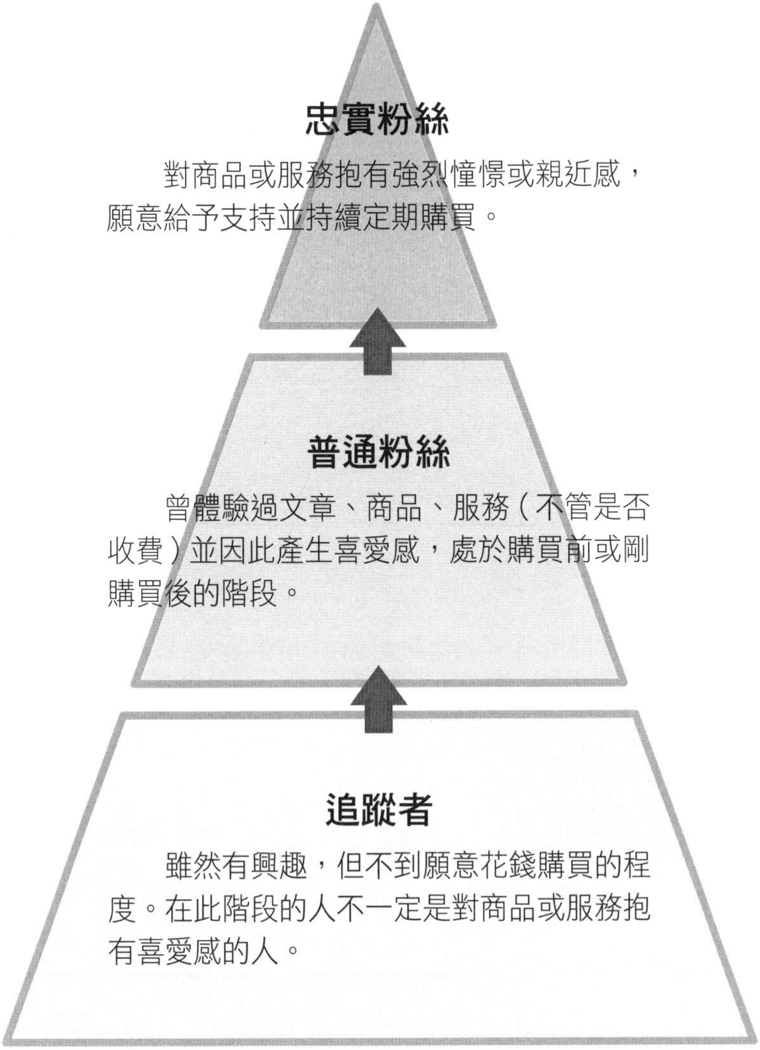
忠實粉絲
對商品或服務抱有強烈憧憬或親近感，願意給予支持並持續定期購買。
普通粉絲
曾體驗過文章、商品、服務（不管是否收費）並因此產生喜愛感，處於購買前或剛購買後的階段。
追蹤者
雖然有興趣，但不到願意花錢購買的程度。在此階段的人不一定是對商品或服務抱有喜愛感的人。

聽說費用並不便宜，所以從一開始收入就相當可觀。

正因為他鎖定「想豐胸的人」為目標客群進行宣傳，事業才得以大獲成功。

舉辦講習、販售商品、主持線上沙龍課……不管是創業或經營副業，最後能不能成功，跟粉絲人數及自己的知名度完全無關。

反過來也可以說，**就算沒有幾萬、幾十萬的粉絲數，沒有廣大的知名度，僅靠自身學識及技能，也有經營賺錢事業的可能。**

我本身稱不上是很知名的人，從我的創業講座課程畢業的學生裡，也有在社會上雖然不聞其名，實際上卻年收入三百萬、五百萬，甚或是超過一千萬的人。

如果你也想創業或經營副業，就**先讓自己的事業培養出「只想跟你買」的「忠實粉絲」，然後鎖定這些客群進行宣傳吧。**

在這些粉絲之中，若有一定人數的顧客看出你的價值，業績便會跟著大幅提升。

02

運用「社群媒體策略」將資訊鎖定傳達給目標客群

■比起「人數」，「互動率」才是箇中關鍵

假設機率為每五十人會有一人購買，你或許會認為母數當然是越多越好，盡量擁有多一點粉絲，只要其中有百分之幾的人願意出錢的話就能夠盈利。

從數學理論上來看的確合理，但社群媒體可不是只會依照數學理論變化。

這話是什麼意思呢？我們以Instagram來看就會明白了。在Instagram上，只要你追蹤任何看到的帳號，給他們的文章「按讚」，必定能獲得一定數量的人回頭追蹤你。

即便透過這個方式順利增加粉絲人數，後續卻會浮現問題。

Instagram能夠詳細分析帳號的「互動率」，統計有多少比例的粉絲看完最新貼文，或是留言按讚等等。

因此粉絲若沒有看完貼文或回饋「按讚」，演算法（解決問題的計算步驟）就不會出現

反應，你的新貼文將變得更難出現在粉絲的時間軸上。

經常有人反應「很難在Instagram闖出知名度」，原因正是它們的系統相對深入地分析帳號互動率，演算法針對「應該投放到時間軸的貼文」篩選得更加嚴格所致。

以Instagram為範例進行說明後，我們可以看出這種，為了增加粉絲所付出勞力相當沒有效率，還不如打從最初就將努力放在培養「幾乎都願意出錢的忠實粉絲」來得更好。

這麼做不僅能提升商業效率，也因為追求「更完善的貼文品質」或「將訊息傳達給真正需要的人」，間接增強經營者的自我肯定感，有許多附帶的好處。

針對目標客群培養粉絲或對貼文按讚

一份事業剛起步時，為了培養自己的帳號，最初仍要積極地追蹤別人跟按讚。我們得先在社群媒體的世界中宣傳自己的存在，之後才能吸引忠實粉絲。

話雖如此也不可以無的放矢，你要提高知名度的對象應該是對你感興趣的人，也就是「未來有機會成為你的鐵粉，變成事業上往來客戶的那群人」。

培養帳號的目標是向未來的潛在客戶行銷自己，不應該毫無分別地盲目增加粉絲人數。

社群平台上的使用者來自各種年齡、性別、國籍。你要在混合各種屬性的人群之中鎖定目標，表現出「我是這種屬性的人，關心哪些事，會宣傳什麼資訊」的訊息，讓未來的潛在客戶知道你的存在。

首先，請追蹤與自己屬性相近或屬於預期目標客群的人，並對你真心認同的貼文「按讚」。

如此便能提高貼文出現在與你相同屬性、抱有同樣興趣喜好者時間軸上的機率，然後支持你的死忠粉絲也會從中誕生。

千萬不要盲目地胡亂增加粉絲，應該用上述的模式，**提高目標客群的品牌認知度，有策略性地追蹤其他帳號及「按讚」**，這樣才能踏出事業成功的第一步。

03

回應數與銷售業績根本不成比例

■ 網路上有許多「雖然喜歡但不會按讚或追蹤的粉絲」

前面提到過，創業和經營副業的成功關鍵，幾乎與粉絲數無關。更進一步來說，按讚或留言等等來自追蹤者的「回應數」，其實與銷售業績完全不成比例。

大部分的人總以為越多「按讚數」或留言數即是粉絲增加的證明，也是一種銷售業績提升的預兆，但實際上可不一定如此。

因為願意購買產品的粉絲，不一定會按讚或留言。

越喜愛商品的粉絲，反而越少做出互動。這是一種粉絲心理，有點類似「害羞」的感覺。

正因為喜歡那個人，所以絕對不會漏掉任何一則貼文，儘管內心也想要按讚或留言，卻會受到喜歡所衍生的害羞感阻撓，最後變成不在社群平台上與對方互動，單純購買那個人販售的商品或服務。

大家自我回顧時，或許有不少人會發現原來自己也符合這樣的狀況。

除了這種粉絲心理以外，社群平台使用者「不想被別人知道自己偏好什麼事物」的獨特特徵也會造成影響。

例如Instagram或Facebook經常會跳出通知，告訴你「某某人對什麼貼文『按讚』」。

如此一來，自己對哪些內容「按讚」的動作，可能會被帳號連結的老朋友、公司同事或家人知曉。不少人為了避免這種狀況發生，變得很難隨心所欲地按讚。

比如有夫妻關係煩惱的人，想必會抗拒使用跟朋友、同事，甚或是家人互為好友關係的帳號，對主要談論「夫妻煩惱」或「離婚準備」等主題的帳號「按讚」。

因此我們可以想像，其實一個帳號意外有很多表面上沒有按讚，私下卻默默地每天來查看內容的粉絲。

除此之外，部分粉絲本來就沒有社群帳號。因為他們沒有申請 Instagram 或 Facebook 帳號，所以沒辦法追蹤，但他們平常都是會看部落格的人，像這類群眾在粉絲當中也佔有一定數量。

別再被「數字」蒙蔽雙眼

綜合以上分析，按讚跟留言數既不能做為忠實粉絲數的評估標準，更不會與未來銷售情況成正比。

我也經常在學生的創業講座課程申請表中看到「我不曾留言，但每次都會查看貼文」、「我沒有使用 Facebook，但每一篇部落格文章都會閱讀」諸如此類的回應。

當我們將社群平台當成創業或副業的宣傳工具，本來就會先關心粉絲數，然後是按讚及留言數。不過就算總體「數量」沒有增長，你也不需要擔心。

只要實實在在地充實內容、鎖定目標客群傳達訊息，即便表面上粉絲人數不多，必定也能培養出忠實粉絲。而這群忠實粉絲就算沒有留言或按讚，他們仍會購買你的商品。就是這樣的道理。

04 只要擁有忠實粉絲，年收一千萬日圓不再是白日夢

「不拼命吸引顧客」才能打造良好循環

擁有忠實粉絲，就能打造出以下的良好循環。

首先，由於忠實粉絲的信賴與支持，即使商品價格高昂，他們也願意購買，而高額商品也更能提高顧客滿意度。

唯有當顧客真正覺得「想要」的時候，他們才會掏錢購買高價商品。他們不是出於「反正是免費的，就先收下吧」的心態，而是「好想要，但價格有點貴，不過還是好想買，真的好想要……好，那就買吧！」然後才下定決心購買，所以滿意度自然也變得比較高。

或許也可以說，當顧客經過深思熟慮，願意接受價格並決定「購買」時，他們的內心在購買當下早已獲得滿足。

以講座課程來說，因為學生繳付高額費用，所以更會認真聆聽、更認真執行實習作

業。在這種情況下，他們當然容易獲得良好成果，也會因此覺得「很高興有來參加課程」，自然而然地提高滿意度。

另一方面，提供服務方的人也會認為「參加者都是繳付高額費用，我要盡己所能回應大家的期待」而努力規劃準備。

例如講師將準備更完善的內容，「竭盡所能傳授自己所學」，認真協助每一位學生，想辦法讓所有的人獲得進步。

如果是瘦身教練，就會運用他所有的知識與能力，「全力幫助顧客打造出理想身材」。即便是自己推出商品販售的人，製作過程也會更加謹慎細心，以求「做出讓顧客滿意的超棒商品」。

銷售高價商品時，顧客人數自然會篩選到一定數量，因此賣方能好好花時間招待每一位顧客。總而言之，就是針對相對較少的人，提供相對高品質的內容。

當顧客滿意度升高，之後肯定會有部分的人持續回購，而這群人的好口碑傳播出

去後，也間接幫助賣方更便於將訊息傳達給新的消費者。

我們可以藉此打造一種良好循環，因為我們會產生更多動力進一步規劃服務內容，繼續順勢提升顧客滿意度，增加回購率以及新客戶，這樣一來，創造年收一千萬日圓就不再是遙不可及的夢想了。

大家不必一味追求「數量」，拼了命想辦法招攬大量顧客，只要有忠實粉絲的追隨，就足以讓業績蒸蒸日上。

盡量避免「免費試用」的行銷方式

如果採用「免費贈送」、「免費試用」的行銷方式來吸引顧客，會得到什麼效果呢？這種做法的確有機會收到大量訂單，但同時也有很高的可能性會發生和前面所說的良好循環完全相反的情形。

由於許多人不假思索便收下商品，事後容易發出「跟想像中不一樣」的怨言。

例如參加講座課時，免費參加的人往往比付費參加的學生更不專心且缺乏動力，而且沒有幹勁的人自然很難做出成果，最後也不會感到滿意。

與此同時，產品服務的提供者面對為了「免費」而來的各種客群也很難做出妥善的應對。當賣方收到大量的訂單，分配給每一位顧客及商品的時間相對而言就會減少，繼而衍生物理上的難度。

收費的意義即是設置一道門檻，過濾你的目標客群。畢竟世上有各式各樣的人，如果不設置篩選過濾的門檻，我們將無法掌握會遇見什麼樣的顧客。

大家剛投入事業經營時，經常因為對自己的商品缺乏自信，過度強烈地認為「誰都可以，希望有人來試用看看」，傾向採取「免費贈送」、「免費試用」的宣傳方式。我可以體會這樣的心情，畢竟無論是誰，一開始都會對自己沒有信心。

我建議大家可以先用便宜的價格試賣看看，等到建立自信心，慢慢能夠收取合理價格後，偶爾再以感謝顧客的心意舉辦免費活動。

如果一開始就為了招攬顧客而「免費」提供商品，對於自己與顧客都不算是一件好事。即使價格不高，我認為還是應該設定最低限度的門檻。

剛開始經營新的事業，我們容易受到顧客的人數影響，總以為「沒有客人就無法開始」、「總之先拉到客人再說」，請大家千萬別忘記顧客應該重「質」不重「量」，以免陷入因「免費」造成的惡性循環。

在第一步建立的銷售態度至關重要，**請務必設定一定的金額，讓「真正需要這份商品」、「贊同你的生活方式與價值觀，並且能夠產生共鳴的人」**願意掏錢購買。

忠實粉絲不會成為奧客

擁有忠實粉絲的良性循環還會附帶一個好處，那就是實際上很少出現愛客訴的「奧客」。

忠實粉絲不只是追求你的商品和服務，平常也會查看你發布的資訊，而且願意為產品及服務支付不算便宜的價格，這些都表示他們已和你的生活方式跟價值觀產生共鳴。

這些宛如「同類相吸」聚集而來的人就是你的忠實粉絲，也可說是贊同你的想法，願意支持你的「夥伴」。

如果我們給予這樣的顧客「1」，他們實際上卻會獲得「10」，彷彿商品的優點主動在顧客心中得到強化。

我每次都會對講座參加者的驚人吸收度感到驚訝，他們簡直就像是「立即見效」地吸收內容，積極實踐我提出的建議。

當彼此的價值觀互相產生共鳴，顧客便不會誤解我們給予的訊息，更不會吹毛求疵，一股腦地埋怨。

買賣雙方的關係就像朋友、夥伴，對內容有疑問會直接提問，覺得商品有問題時也願意主動提出。這不是無的放矢的抱怨，而是正向的顧客回饋。

通常賣方與忠實顧客之間都會建立這種健全的關係，自然不會引來奧客。

05

我在公司每年貢獻一億日圓業績的三大法則

■ 銷售額是顧客給予「支持」、「愛戴」、「鼓勵」的表現

在獨立創業之前，我是某家辦公設備公司的業務員。雖然工作不容易，幸好我與許多客戶建立良好的關係，每年都能創造出一億日圓的業績。

有一段時間，我曾回顧以前擔任業務時的自己，回想當時的我為了討客人開心，曾經採取什麼做法。

當我把跑業務時期培養的工作訣竅重新轉化成文字後，我發現即使面對不同的工作內容，至今我仍在運用這些知識所學。

所謂的**業績**到底是什麼呢？我認為業績就是「來自顧客的支持」以及「受到顧客愛戴的成果」，其中應該也包含「祝福你的工作一帆風順」的「鼓勵表現」吧。

從平常的言行舉止來吸引顧客給予支持、愛戴、鼓勵，就算自己不拼死拼活地推銷，業績仍會自動向上成長。

「無論提出什麼問題，對方都會誠實、明確地回答。」

「對方總會給予讓人感到舒服的應對。」

「跟這個人見面就會覺得充滿活力。」

像這樣在顧客心中留下好形象，不斷累積他們對你的支持、愛戴及鼓勵，最終便能提升銷售業績。

「索求之前先給予」是商業來往的鐵則

那麼該怎麼做才能從客人身上獲得支持、愛戴及鼓勵呢？我們可以總結成以下三大要點。

①銷售之前先給予

這裡說的給予是指「先將資訊大方地提供給顧客」。

我負責的業務是——巡迴銷售人員（Route Sales），工作內容是向本來就是產品使用者的客戶，推銷新商品。

因為有業績壓力，最後一定要成功賣出去才行。但是我不會一開始就直接去推銷，而是不斷提供客戶各種情報，例如「其他公司如何使用這些設備」、「最近辦公設備，業界最受矚目的是什麼商品」等等。

雖然很勤勞地拜訪客戶，但都不是特別去推銷商品，我通常會像閒聊一樣提供情報給客戶後就離開。久而久之會形成一種模式，當我有機會介紹新商品時，客戶便會二話不說地購買。

替新事業或副業進行宣傳時，這種「先徹底給予」的做法也很重要。我們必須告訴客戶自己過去做過哪些事，現在又懷抱著什麼理念，對未來有何追求。

你需要做的是，鉅細靡遺地說明有關你本身的所有情報，並不是埋頭推銷商品。換句話說，就是把「腳踏實地」的業務作風，搬到網路上實踐的意思。

一般經過幾次頻繁拜訪，本來連你的長相與姓名都不記得的顧客，便會開始稱呼你

「某某公司的某某先生或小姐」，打開提升業績的大門。同樣地，我們要透過社群媒體，在網路上打造相同的顧客反應。

由於網路世界交織著數量龐大的資訊，若不反覆地宣傳「我從事這樣的工作，是這樣子的人」，受眾就不會認為你是值得信賴的存在。然而，當他們願意認同你時，就是推開成功之門的時刻。

②徹底分析你的客戶

執行這個步驟，是為了徹底摸透你的客戶究竟想要什麼。

雖然我在當上班族時，主要銷售商品是辦公設備，但不同的顧客會有不同的需求，所以不能對每位客戶套用一樣模式銷售相同的商品。我會先徹底分析個別顧客，了解「他目前有什麼煩惱」、「他欠缺什麼」、「要解決這個問題，我可以提供什麼幫助」。

轉向創業或經營副業後，第一個出發點就是盡量篩選出你想要的消費者。

不能抱持「誰都可以，有人買就好」的想法，必須清楚確立「希望這樣的人來買我的商品」，然後慢慢縮小範圍，了解「那個人有什麼樣的煩惱，自己可以做什麼來幫助他解決問題」。

③商品是給客戶的禮物

這是思考「我可以提供客戶什麼好處」、「該做些什麼才能帶給顧客笑容」的意思。

以前我在跑巡迴銷售，必須向既有客戶推銷新產品的時候，向來會**將重點放在「想讓客戶開心」，而非「想賣出商品」**。

之後我將會帶領大家打造事業計畫，請各位讀者務必抱著「贈與顧客禮物」的心情進行規劃。

其實第③點和上一頁的第②點有一些關聯，因為我們必須先徹底了解客戶，才能夠帶給他們滿足。

「我的客戶正在為什麼事情煩惱？」

「我的客戶追求的是什麼？」

想辦法解決這些問題，就是你可以送給客戶的大禮。

來自顧客的支持、愛戴、鼓勵可以帶動業績成長，但在此之前，最重要的仍是要主動提供情報，然後徹底了解你的客戶，懷著送禮的心情來打造你的商品。

下一章開始，我將和大家具體分享該怎麼規劃事業，以及平常要如何進行宣傳。

Chapter 02

打造能長期受到愛戴的事業

01 打造屬於自己，獨一無二的事業

即便是相同的能力，也有「只屬於自己的發揮方式」

全世界只有一個你，就算其他人跟你有類似的長處，運用能力的方式也是天差地別，所以每個人都能打造只屬於自己的事業。

假設現在有三位「擅長聆聽別人煩惱」的人。

Ⓐ擅於讓煩惱的人展露笑容，放鬆心情。

Ⓑ會深入分析別人的煩惱，從客觀立場給予合理的建議，幫助對方解決問題。

Ⓒ則是能夠耐心陪伴煩惱的人，告訴對方「我會站在你這邊」，激勵他們鼓起勇氣。

大家有什麼想法呢？儘管乍看之下，「聆聽煩惱」似乎是三人共通的長處，事實上仍可透過許多不同的方式活用這項能力。

既然發揮能力的方式各不相同，想當然爾，他們預期的目標客群也不一樣。Ⓐ的客戶是「想要放鬆心情的人」；Ⓑ的客戶是「想要別人從客觀立場提供建議的人」；Ⓒ的客戶是「希望有人能鼓舞自己的人」。

由於客戶方不會只有一種需求，因此每個人都能夠打造獨一無二的事業。

■構成個人專屬事業的三要素

那麼自己擁有哪些能力，又該如何活用呢？關於這一點，我們必須先在心中釐清以下三件事。

①熱情泉源……自己身上有什麼才能、資質、強項能夠開發成一份事業。
②人物誌（Persona）……具體而言，刻劃自己未來的目標客群是怎樣的人。
③利益（Benefits）……面對符合人物誌的消費者，自己可以給予對方什麼「更好的未來」。

綜合以上三點之後浮現在腦海裡的東西，就是「只有你能辦到，僅此一家別無分號的事業」。

若有一百個人，就有一百種熱情泉源，有一百種人物誌，也有一百種利益。換句話說，「熱情泉源×人物誌×利益」必然不會得到同樣的結果。

這一點非常重要，因為綜合熱情泉源、人物誌、利益之後所引導出的答案，正是你個人獨一無二的價值。

請大家透過接下來介紹的實作流程，一邊享受規劃過程，然後建立僅此唯一的事業吧。

02

熱情源自於自己的才能、資質、強項

■「努力得來的才能」及「天生擁有的才能」

我們表面上看似最了解自己，其實可能是最不了解的那個人。對於本身的才能、資質與強項更是如此。我們往往認為「這早就是理所當然的事」，反而很難發現原來這就是自己的才能、資質、強項。

在這個章節，我會透過「尋找熱情泉源實作法」帶領大家好好地挖掘自我。

熱情泉源大致可分為兩類。

第一種是「靠努力獲得」，另一種則是「天生擁有」。雖然兩者完全相反，但這只是因人而異，不管是哪一種都能夠發展出獨一無二的事業。

舉例來說，某個人原本很不擅長與人談話，可是經過一番努力克服困難之後，現在的他比別人更清楚「不擅長溝通」的人心裡在想什麼，在什麼部分會感到挫折等等問題。因此他有機會將曾經克服弱點的過程，發展成只屬於他的個人事業。

另一種則是「看到有人與別人說話畏畏縮縮就感到焦躁」的人，正因為自己在溝通上沒有障礙，才會進一步思考「為什麼其他人辦不到」。

這是與生俱來不擅長溝通的人非常想要的能力，所以只要對這個強項有所自覺，就能夠作為獨一無二的事業來經營。

如上所述，即便兩種商業模式同是以「教導與人溝通的技巧」為出發點，但一種是「本來也不擅長，所以懂得如何克服問題並傳授技巧」，另一種是「天生就善於交流，所以知道要教導什麼技巧」，兩者建立事業的依據並不相同。

找出「熱情泉源」的實作流程

現在開始進入實際作業吧。大家請思考以下的問題，每道題目的回答不需等長。能夠吸引你寫下最多回答或是勾起你許多想法的題目，就是你尋找熱情泉源的線索。

⑴截至目前為止，什麼經驗令你感到最難受、最痛苦？
⑵什麼事曾經令你深深苦惱，但是最後順利克服？
⑶你曾經克服哪些自卑情結？
⑷當別人找你商量什麼事情時，你總會熱心地回答？
⑸別人最常拜託你什麼事情？
⑹什麼事情可以讓你持續做好幾個小時？
⑺你在什麼事情上比別人做得更好？
⑻看到別人辦不到哪些事會令你感到焦躁？
⑼什麼樣的時光是你的充電時間？
⑽當你有空閒時間時，總會習慣性做些什麼？
⑾哪些事會讓你在執行過程感到開心不已？
⑿你在職場、朋友圈、社團中，曾經或現在扮演著哪種角色？
⒀小時候曾經對哪些事情著迷？（可以詢問父母或兒時玩伴）

對①～③題特別有共鳴的人，屬於熱情泉源來自「靠努力獲得才能」的類型；而對④～⑬題特別有共鳴的人，即是屬於熱情泉源來自「天生擁有才能」的類型。

你對哪一道題目最有感觸呢？

究竟是靠努力獲得的才能，還是天生擁有的才能，請大家透過這個作業過程從兩方進行思考，找出你自己的熱情泉源。

■ 尋找「熱情泉源」的實作流程（回答欄）

①

②

③

④

⑤

⑥

⑦

⑧

⑨

⑩

⑪

⑫

⑬

03

將未來的理想顧客篩選到「最後一個人」

■ 選擇「自己喜歡的人」當顧客，更有利於事業經營

接下來要執行的是建立人物誌（Persona）的作業。

如同第一章曾提過的，粉絲數與創業或副業經營的成功與否沒有太大的關聯，所謂增加粉絲數的做法也沒有什麼意義。

與其將精力花在擴張粉絲人數，不如明確地認知自己的消費族群是怎樣的人，具體篩選出來，這就是建立人物誌的意思。

「什麼樣的人在未來會成為你的消費者？」

「什麼樣的人最有可能購買你的產品服務？」

這項步驟的最大重點，即是將**「感覺能夠成為朋友的人」當作未來的理想顧客，以及把未來的理想顧客「縮小範圍到單一對象」**。

大家或許會認為賣家不可以對客人挑三揀四，但是「來者不拒」的顧客至上主義，反而會招來「奧客」，最後忙著處理他們的客訴問題，導致自己的事業好不容易起步，卻落入壓力重重的困境。

選擇自己喜愛的對象來當消費者，對心情或事業的發展更有幫助。

為了讓買賣雙方在交易過程保持良好心情，應該要選擇「感覺能夠成為朋友的人」來當你的顧客。就像我們平常會選擇交往對象一樣，針對消費客群也要擇你所好。

除此之外，你還要把自己的理想顧客縮小範圍至單一對象。什麼樣的人可能成為你的忠實客戶，願意購買你的商品？我們必須明確設定目標顧客，甚至可以直言「我的消費者就是這樣的人」。

這並不表示你實際上只會招攬到僅此一位顧客，無論你自認已將條件範圍限縮到多麼小的範圍，市場上仍有眾多符合條件的客群存在，因此我們需要換個想法，乾脆選出單一對象，這樣才能獲得剛剛好的忠實粉絲人數。

建立人物誌（Persona）的實作流程

「你心目中未來顧客是怎樣的人？」

「你覺得自己能跟那些人成為朋友嗎？」

請盡你所能地具體列出未來顧客的形象，例如性別、年齡、已婚還是未婚、有無伴侶、興趣、生活風格、思考模式、目前的煩惱、對未來的擔憂、喜歡做的事（定期閱讀的雜誌、決不錯過的電視節目或影片等等）、喜歡的書、度過假日的方式……諸如此類。

〈錯誤範例〉

20～30歲的女性／想賺大錢的男性／想成功的人／想結婚的人

〈正確範例〉

31歲，任職於大型公司的女性。未婚，目前與在交友軟體上認識的人交往第五個月。興趣是假日與戀人一起去露營。喜歡的雜誌是「Oggi」。喜歡看諧星的YouTube頻道影片。

雖然有經營副業的念頭，但是身邊沒有同樣想法的人，對「自己是否有能力辦到」感到煩惱。在職場上表現出色，為人親和且深具行動力。有興趣挑戰自由職業生活，但不知道該怎麼開始。

小時候是個自由奔放，喜歡刺激的孩子。暫且不論好壞，現在的她已經過於習慣組織體制，自我感覺年年越趨保守，也不知道自己想做什麼。

以上就是我描繪具體的人物誌。接下來，在下一頁換你來寫屬於你的人物誌吧！

建立人物誌的實作流程（回答欄）

「我未來的理想客戶是……

04

為顧客提供「更美好的未來」

■ 顧客想要的是「未來」，不是「商品」

經過前面兩項實作步驟，我們已搜集到不可取代的事業，所需要的三大要素其中兩項——熱情泉源以及人物誌，現在只剩下一個「Benefits」。

Benefits指的是「利益」。更具體來說，即是「**顧客購買產品之後，你可以贈與他們什麼樣的未來**」。

換言之，利益並非指產品的性能、功能或是美觀性，而是一種「對未來更美好的想像」，例如顧客在購買商品後會浮現怎樣的心情，或是他們實際上會感受到什麼轉變。

明確訂定利益之後，我們便能安排促進買氣的有效宣傳。雖然販售商品一定要說明你賣的是什麼東西，但是沒有點出產品帶來的利益，買賣也很難成功。

因為消費者想要的並不是「產品本身」，而是「購買之後能夠得到的未來」。清楚點出利益的商品才能打動顧客的心，更容易說服他們決定購買。

比如在購物節目裡，儘管主持人詳盡地解釋「這台相機有高達6100萬的畫素，自動對焦系統～」等相機規格，對於不懂相機的消費者而言，仍然無法感受到商品的優點。如果主持人改說「只要有這一台相機，就不會再錯過正值可愛時期的孫子任何一刻的模樣」，這樣反而更能促進買氣，因為這個說法能明確指出，消費者購買相機之後可以預見怎樣的「美好未來」。

而直接說出「孫子」也能看出，這個購物節目的人物誌，鎖定的是「有孫子的高齡者族群」。

賣家面對符合人物誌的消費客群，應該提出什麼吸引人的利益呢？答案就是「不會再錯過正值可愛時期的孫子任何一刻的模樣」這句宣傳口號。

選定利益的實作流程

這個步驟表面看似很困難，其實你早就打好基礎了。

前面透過兩項分析步驟，我們已找到熱情泉源並設定好人物誌，接下來要思考，假如要運用你的熱情泉源，為你的人物誌打造商品，應該推出怎樣的產品最好。

什麼東西可以發揮你的才能、資質、強項，並且賣給符合你心中人物誌的對象呢？你又能夠給予這些客群怎樣的未來？

另外，如果是獨立創業與經營副業的人，本身也是商品的一部分。你自己就是表現商品優點的存在，**每天發布「自己的生活型態」，通常有展現商品利益的效果。**

你身為顧客對未來的具體想像，應該如何表現自己呢？

請用心思考你要向消費者展現怎樣的未來，明確指出你的商品能帶來的利益，避免犯下因為太想賣出商品，變成老是在向顧客推銷的錯誤。

■ 選定利益的實作流程（回答欄）

「我可以提供給顧客的利益是……

05 向成功者學習經營「獨一無二的事業」

大家對規劃獨一無二的事業流程有什麼感想？

為了讓各位能夠更具體地想像，下面將舉幾位曾參與我的創業講座課程的學生當作範例。他們都是做過前面三項分析作業之後建立自己的事業模式，目前已有一定收入且持續活躍經營的人。

下面的號碼對應的是第49頁中列舉的問題。

■〔案例一〕經營私人沙龍（32歲・女性）

〈尋找熱情泉源的步驟〉

①截至目前為止，什麼經驗令你感到最難受、最痛苦？

・海外求學時期，即便跟寄宿家庭的家人語言不通，我們也會透過擁抱或肢體語言做到深度溝通。
・回國後，我發現自己卻不敢擁抱親愛的母親。
・我是屬於渴望父母稱讚，所以總會乖乖聽話的類型。小時候因為是乖寶寶，往往不敢說出真心話，也不敢撒嬌。

②什麼事曾經令你深深苦惱，但是最後順利克服？
・雖然從小就不敢向父母撒嬌，但長大後透過幫母親做反射療法按摩，我們的親子關係慢慢進步到能夠彼此分享以前不敢說的話。

以經營事業的角度統整熱情泉源的輪廓之後，得到下面的結論。
・經過幫母親按摩後，我開始想要一個能夠更常觸碰重要之人的理由。
・實際體會到觸碰對方，所帶來的安心感及對身邊人的信賴，變得想要藉此建構更好的人際關係。

〈建立人物誌〉

「我未來的理想客戶是……儘管內心很感謝母親，卻礙於害羞不敢表達的女兒。彼此都容易感到不好意思，無法向對方說出真心話的母女。」

〈選定利益〉

「我可以提供給顧客的利益是……改善親子關係，讓雙方感受到比以往更強烈的連結。藉由身體療法，幫助顧客體會源自內心的安心感，願意打開心房信賴身邊的人，建構更良好的人際關係。」

〈獨一無二的事業〉

「向重要的人傳達感謝心意的身體按摩療法課程」（適合母親節），以及「從手掌心傳達愛意的身體護理課程」（適合伴侶）

最初只有推出針對母女的課程，但後來有許多人表示想學習幫伴侶做的療法，於是便追加後者的項目。

商品的基本概念是扭轉一般療程容易帶給人「麻煩、勞累」的強烈印象，變成「輕鬆、有趣」，讓人願意每天執行的療程。

■〔案例二〕部落格文章顧問（25歲・粉領族）

〈尋找熱情泉源的步驟〉

④當別人找你商量什麼事情時，你總會熱心地回答？

・來自女性的瘦身或生理期相關煩惱。

・關於職涯或戀愛的煩惱、旅行計劃、推薦的拍照景點等等。

・使用後評價不錯的化妝品或APP等等。

⑤別人最常拜託你什麼事情？

・陪對方商量煩惱。

・聆聽對方傾訴心情。

⑧看到別人辦不到哪些事會令你感到焦躁？

・在聚會、職場、社團等場合裡，只會不斷談論自己，不聽別人說話的人。

・老愛單方面講述自己過去驕傲事蹟的公司老前輩。

⑨什麼樣的時光是你的充電時間？

・跟朋友或重要的人邊吃飯邊閒聊的時間。

⑫你在職場、朋友圈、社團中，曾經或現在扮演著哪種角色？

・通常是負責傾聽的角色。

・想方設法提出問題，引導對方說出心裡話。

〈建立人物誌〉

「我未來的理想客戶是……雖然有想傳達的知識，卻無法在部落格中確實表達出想法，感覺沒有得到讀者迴響，點閱數遲遲不見起色的人。」

〈選定利益〉

「我可以提供給顧客的利益是……除了傳授部落格文章的書寫技巧，也能透過聆聽顧客想傳遞的知識或他們的過往經驗談，陪對方一起整理思緒。比起獨自思考，更能協助他們從客觀的視角確立想表達的核心想法，寫出能夠獲得讀者迴響的部落格文章，並且學習為文章訂定吸引讀者閱讀的標題。」

〈獨一無二的事業〉

「可以激發個人風格，確實傳達執筆者理念的部落格文章書寫課程。建立事業方程式：『別人經常拜託我的事』（傾聽對方的心情或煩惱）×『自己能辦到且又有市場需求的事』（指導文章寫法）＝『協助對方釐清並整理自我思緒或想要傳達的想法，指導他們書寫能夠傳遞知識給目標受眾的部落格文章課程』。」

〔案例三〕客製化珠寶飾品（39歲・主婦）

〈尋找熱情泉源的步驟〉

⑧看到別人辦不到哪些事會令你感到焦躁？

・常常在尋找飾品，卻遇不到喜歡的設計！為什麼不是這樣跟這樣呢？枉費有如此好的材料，卻做成這樣的成品太可惜了！看起來很廉價，完全不想配戴它——我經常有這樣的想法。

⑬小時候曾經對哪些事情著迷？

・喜歡打扮，也喜歡手作物品。
・常常偷拿媽媽的漂亮耳環，被逮到後馬上挨罵。
・國小六年級時迷上做手工藝，做過娃娃人偶的衣服、化妝包、面紙套。
・當時甚至著迷到晚上不願意睡覺，結果手工藝用具通通被父母沒收。

〈建立人物誌〉

「我未來的理想客戶是……雖然平時不會購買，但對精品耳環抱有強烈憧憬，想要在正式與非正式場合（上班或日常生活）皆能配戴的設計款式，或是設計典雅簡潔，可以為休閒辦公風格的服裝添加華麗點綴的飾品。」

〈選定利益〉

「我可以提供給顧客的利益是……出門時戴上飾品就會感到心情愉悅。藉由配戴僅此唯一只屬於自己的飾品而變得更愛自己，而且穿戴具有特色的飾品，也能增強配戴者本身的自信。」

〈獨一無二的事業〉

「接受客人的要求，組合符合對方形象的素材，提供客製化飾品。」

06

致遲遲不敢踏出「第一步」的人

■ 如果覺得「好像不太對？」就改變方向吧

找到熱情泉源、人物誌、利益之後，腦中應該會開始浮現「就做這個吧」的大致想法。雖然接下來將會進入事業起步階段，但不代表你必須一直遵守原先訂定的方向。世上有許多事情做過才會知道結果，所以我們要先勇於嘗試。如果在過程中覺得「好像不太對」，那就到時候再修正方向吧。

比如原本看到客人購買商品總是覺得開心，連帶著對處理隨之而來的雜務也能樂在其中，可是當客人逐漸增多後，說不定會開始對雜事感到不耐煩。工作固然開心，但也會有無法樂在其中的部分，這是非常正常的事，不需要為此感到羞愧。一但覺得「我不想做這件事」，那就放手交給別人處理，這也是很重要的經營判斷。

除此之外，你也有可能在經營過程中，漸漸對自己選擇作為事業的項目不再感到自在。

例如一天只處理一件工作確實很開心，但變成要「持續不間斷」或是處理「很多件事」時，感覺就一點也不有趣了。這就是即使自認是自己的強項，但持續投入時卻發現不太對勁的範例。

你完全不必把這種情況放在心上。既然自己不覺得快樂，那就轉向自己能夠感到快樂的方向吧。獨立創業的優點之一即是能依照自身判斷，反覆地重新調整經營方式。

■ 自我價值，不會因為轉換方向就跟著改變

「持續投入的同時，也開始察覺無法樂在其中的部分」、「工作本身變得不再那麼有趣」——其實我個人也經歷過這兩種情況。

舉辦講座課程是我的主要收入來源，但最初負責處理申請名單的庶務工作全都由我一人執行。當時用Excel表格管理申請人數、匯款狀況、剩餘座位數等等的作業過程會讓我感受到事業正在成長，做起來很開心。

不過這種感覺很快就慢慢淡化。

雖然我收到申請表依舊很開心，可是卻漸漸對處理庶務作業感到疲累，心裡總是「想把這個時間拿來精進教學內容」。

於是，我選擇雇用助手替我處理這些庶務工作。

而「工作本身變得不再那麼有趣」的原因，則是因為我設定的人物誌條件太寬鬆了。

我的事業最早是以「指導三十歲左右的女性」為目標客群。各位讀者看到這裡，想必也能看出這個設定過於籠統，根本是前面建立人物誌步驟的錯誤範例。

當我朝這個方向經營一段時間後，我發現來申請講座的約三十歲女性們，煩惱大致可分為「工作（職涯）」及「戀愛」兩大類。

我本身當過業務，也喜歡聽人談論戀愛話題，因此我原以為自己能夠兩者兼顧，直到某一個時間點，我開始自覺「我好像不適合當戀愛顧問」。

經過分析背後的原因，我發現戀愛之於我通常是充滿快樂，所以面對深陷愛情煩惱的人，我不確定自己能否給予明確的指引。

雖然我也曾有過失戀經驗，可是當時尚未學習心理學的我，遇到別人傾訴自己愛上有婦之夫、為什麼老是愛上渣男、每次戀愛都深感痛苦等深刻的煩惱時，完全不知道該怎麼回答。

因此我不得不正視修改「替三十歲左右女性提供指導」這個大方向的必要性。

我選擇拿掉戀愛煩惱諮詢項目，重新將我的強項聚焦於「工作」，設定更加縝密的人物誌，以「協助粉領族創業及經營副業」為目標重新出發。

不過我並非就此定案，每年都會一點一點地修正經營方向。

最近一次是維持協助女性創業及經營副業的基本路線，另外增加「協助伴侶關係」的選項，因為自從幾年前我結婚後，粉絲詢問有關伴侶關係的留言及諮詢數量開始有增加的趨勢。

忠實粉絲對情報的靈敏度很高，所以我經常從他們對我提出的問題中獲得開創新事業項目的靈感。

隨著歲月更迭，我們的人生會邁入不同階段。而身處不同的階段，我們想提供和能夠提供的東西，以及來自忠實粉絲追求的事物也會跟著改變。

從這個角度來看，事業方向出現轉變可說是極其自然的現象。

即使改變事業發展方針，不代表你過去累積至今的心血也都付諸東流，也不會損害你本身的價值。

所以請大家不要畏懼改變的可能性，試著將當下覺得「就是它了」的事物作為開啟事業的第一步吧。

07

一定有需要你的「市場」存在

■ 覺得自己「比上不足」之前，已經是「比下有餘」

心裡想要獨自創業，但總是不敢踏出第一步……

造成這種情況的大多數原因都是來自於「這種事可以當成事業嗎？」、「只有這種程度無法當成事業來經營吧？」、「必須再累積更多知識與技能才行！」諸如此類的想法。

說不定你也是像這樣過度小看自己，以致於遲遲不敢採取行動。

雖然前一句提到不要過度小看自己，但我不是指你一定擁有超越自己想像的知識或能力，而是在這個遼闊的世界上，必然存在「需要現在的你」以及「你現在的能力便足以適用」的地方。

即便是你認為「區區小事」、「不值一提」的事情，對於某些人來說卻是必要的需求。而這群人所在的市場，正是你能發光發熱的地方。

雖然抱有更高的目標是一件很棒的事，但若認為自己比上不足，覺得現在的自己毫無價值那就大錯特錯了。

說得更白話一點，在你覺得「比上不足」之前，要知道你已經是「比下有餘」。對於「不及你」的人來說，你是有很多值得學習效法之處的「人上人」，這是理所當然的道理。

世上所有技能都能當成職業

假設有一個人很喜歡下廚，也很擅長設計菜單，不過他既不是專業廚師，也不是充滿創意的料理研究家。他或許會認為「我只是理所當然地煮出家常料理，這樣的我絕對沒辦法把下廚當成事業來經營」，其實完全沒有這回事。

因為在這個世界上，仍然有很多「想要學會下廚」的料理初學者。

這群人追求的並非專業廚師的技巧也不是獨創料理，是「能夠做出一般菜色的方法」或「每天不需要煩惱就能想好菜單的訣竅」。

換句話說，這正是讓自己「喜歡下廚，擅長設計菜單」的能力發揮所長的機會。

同樣的道理可以套用在任何事情上。

大家可以看看外包接案平台「PRO360達人網」或「104外包」等網站，有助於幫你建立現在自己的知識與能力，且已經足以發展成個人事業的自信。

世界本來就充滿著各式各樣的工作。其中也不乏表面看似不需要任何特別技能的職業，因此我覺得在這個世界上，沒有什麼是「不能當成職業」的能力。

別把沒有專業級能力當成不敢創業的藉口。

你需要思考的是「應該把自己現在的價值展現給哪些人看」，以及「現在自己擁有的知識與能力能夠為那些人提供什麼幫助，又該如何傳達你的訊息」。

請以尋找「現在的我可以幫助哪些人」，誰會因為你所提供的服務感到開心的方向，來規劃事業內容。

拋開「區區小事」、「不值一提」這種過於小看自己的想法，拿出自信心創立屬於你的事業吧。

去見「未來的潛在顧客」吧

想要踏出最初的第一步，我建議大家先去加入，跟你事業相關的社群粉絲團或私密社團。

這麼做的目的不是為了向他們推銷，而是**跟擁有相同興趣的人築起「輕鬆自在的連結」**。建立自己似乎有能力協助解決他們心中煩惱的印象，意思就是**讓自己融入未來的潛在客戶群之中**。

如今社群媒體如此普及，要找到相關社群應該很容易。先融入他們的群體，告訴他們「你是誰」。隨著彼此日漸熟識，其中一部分的成員也許就會成為你最初的顧客。

若是想要徵求測試者，以社群為出發點更容易招到願意參加的人。知道是「認識的人所經營的事業」會讓他們感到放心，進一步產生願意「嘗試參加」的行動力。

我的線上沙龍課設有所謂的「技能分享討論區」。

我會先在裡面留下「我擅長哪些事」的留言，然後另外舉辦分享會，接著便會有其他沙龍成員提出「想要個別參加服務項目」的意願，因此在服務正式推出前就可以招募到足夠的測試者。

前面曾經提過，一個人創業及經營副業的成功祕訣就是「讓喜歡的人成為你的顧客」。**跟性格合拍的人保持輕鬆自在的關係，極有機會成為事業成功的一大助力。**

不僅如此，自己能夠輕鬆來往的這群夥伴也會帶給你力量。我離開公司獨立創業前後，也曾參加女性創業家的社群。

我跟她們分享「其實我最近開始經營這樣的事業」之後，便有人建議我「要不要嘗試舉辦講座」，或是在我不經意與她們討論近期有點煩心的事時，她們也都親切地給予我建言，也會透過「我有看你的部落格喔」、「我會替妳加油」等話語為我帶來勇氣，我從她們身上得到非常大的幫助。

當你事業剛起步，內心充滿不安與迷惘，擁有這種輕鬆自在的人際關係意外會讓你安心不少喔。

08 和「鐵粉」一起經營事業

■ 忠實粉絲會給你有助於事業成長的提示

經營一份事業，先想辦法步上軌道固然重要，但不表示以後會永遠不變。只要在不影響核心主軸的前提下，你可以呼應顧客當下的需求做滾動式調整。

雖然有時候我們的確可以靠自己想到新的事業點子，不過本書裡強調以忠實粉絲為目標對象的事業模式，具有**經常在客戶身上發現新靈感**的特徵。

拿我自己來說，我的事業在初期是以傾聽對未來職涯發展抱有煩惱的女性傾訴，並為她們整理思緒的指導課程。

直到有一天，當時好幾位學生（忠實粉絲）向我提出「想跟曾在大公司擔任傑出業務員的藤AYA老師學習，如何宣傳以及在社群平台招攬顧客的方法」，因為這件事，我便開始舉辦協助創業與經營副業的商業經營講座。

我也經常看到朋友或參與講座的學生，同樣因為忠實粉絲回饋的心聲而展開新的事業項目。下面就來介紹幾個講座學生的實際案例吧。

整復推拿店化身「瘦身助手」

每天接觸客人讓他逐漸發現「許多顧客對於肥胖的煩惱也不亞於身體痠痛」、「許多人痠痛的原因就是來自於肥胖」。

他覺得「自己身為幫助他人促進身體健康的工作者，如果看見這樣的人仍無動於衷就太沒有責任感了」，於是投入學習與瘦身相關的知識。

後來他將提供瘦身建議列入治療項目其中一環，顧客漸漸口耳相傳「只要去那間推拿店就能變瘦」，他為了回應比以往更多的顧客需求，便將協助減重轉為獨立事業項目來經營。

目前他在Instagram上專門分享瘦身期間，大口吃也毫無罪惡感的食品，如低卡路里的超商甜點，或是挑選食品的小技巧。

有別於一提到減重就會要求「戒碳水化合物搭配肌肉訓練」的自律做法，他以「不必極端忍耐」、「減重的同時也能滿足吃甜食的欲望」的方式，獲得許多粉絲的支持。

網站設計師推出「架設個人網站教學講座」

這位學員最初都是以WordPress（自由開源的部落格軟體）製作個人網站，直到某天他收到客人傳來一封電子郵件，內容如下：

「我們的員工數從23人變成24人了，所以要麻煩你幫我修改公司概要。另外想跟你商量一件事，我覺得與其花時間打這封信件，自己動手修改會快上許多，請問有什麼方法可以辦到嗎？」

自從他收到這樣的要求後，他便增加以Wix（就算不懂HTML等軟體技術，也能夠自行修改的服務線上建站）製作個人網站的服務。

不止如此，他發現「如果是重視設計與形式，使用無所不能的WordPress是最好的選擇，但是並非所有顧客都追求這一點」，因此他開始舉辦指導，「如何從零開始打造個人網站的初學者講座」。

一份事業的穩定發展，決不能缺少與忠實粉絲之間的緊密信賴關係。正因為不是走市場導向，我們能真誠地傾聽忠實粉絲的心聲，和他們一起成長，這也是獨立創業及經營副業的精髓。

Chapter 03

讓顧客說出「只想跟你買商品！」

01 知道「誰在賣商品」可以吸引忠實粉絲

■ 從「憧憬感」、「親切感」、「支持感」的角度來做品牌行銷

了解「自己能開發哪些事業」之後，就要進入思考「如何向大眾宣傳」的階段。

「怎麼行銷自己更容易吸引忠實粉絲呢？」——這個訣竅大致可分為兩種，分別是「品牌行銷」與「資訊傳播力」，本章節將主講品牌行銷的部分。

現今在市面上充斥形形色色的商品，比起「賣家在賣什麼東西」，消費者心中反而更在意「賣家是什麼人」。

抱著「自己本身就是商品」的自覺，傳達你身上擁有的魅力，吸引顧客產生共鳴並促使他們「想跟你買東西！」，這就是品牌行銷的目的。

那麼品牌行銷該怎麼做才會更容易培養出忠實顧客呢？

請大家分別從「憧憬感」、「親切感」、「支持感」這三個面向來思考。

①營造憧憬感的品牌行銷

這種品牌行銷除了看重你擁有的知識或技能，也包含生活風格與價值觀等條件在內，吸引粉絲對你本身產生一種憧憬感。

若選擇這種品牌行銷方式，**你每天分享的自我資訊，必須能夠在粉絲心目中，建立「總有一天也想變成這樣子」的理想形象。**

你過著什麼樣的生活、喜歡什麼事物或愛好、腦袋裡有什麼想法——表現出充滿豐富性、質感、帥氣、幸福感的「美好世界」。

②營造親切感的品牌行銷

這種品牌行銷方式不走營造憧憬感的路線，而是帶給消費者平易近人的感覺。

大家聽過「品牌忠誠度」嗎？這是一個商業用語，指的是「願意持續購買你的產品或服務」的忠實顧客。

除了提供高品質商品或服務，讓顧客產生親切感也能有效提高品牌忠誠度。

如果選擇營造親切感的行銷方式，必須在每天分享資訊時具體提出自己的經驗談，向粉絲表達「我跟大家一樣」、「我也是經歷同樣的事才能有今日」。

你要在粉絲的眼中塑造「他跟我有同樣的經驗，只是比我稍微走在更前面一點的人」、「只要伸出手就能觸碰到的存在」的形象。

③營造支持感的品牌行銷

這種品牌行銷方式是毫無遮掩地展露出尚不完整的自己，促使消費者產生「想要給予支持」的心情。

大家可能會害怕露出自己不成熟的一面會導致產品或服務賣不出去，事實上並非如此。

近年來很流行的線上群眾募資也曾出現過既不出名，完整度也不高的一般人成功募集到高額贊助金的案例。

「我想做這件事」、「感覺無法光靠自己達成」、「請大家給我支持！」——群眾募資就是像這樣說出自己真實的心聲，引誘對方與你產生共鳴，然後說服大家願意掏錢，因此群眾募資可說是塑造支持感的品牌行銷模式的終極型態。

如今在線上沙龍課的領域裡，也有普通人比藝人這類有高知名度的名人成功吸引到更多顧客。這也是「融入客群成為一部分並提供協助，與對方一起追求更高目標」的表現，是一種具象化的支持心意。

當人們看見其他正在努力的人，內心也會感同身受，想要替對方加油打氣。

何況是遇見跟自己有相同煩惱與掙扎的人，當然更容易對主角要如何戰勝煩惱的故事產生共鳴，然後對他能夠開創什麼樣的未來感到好奇，而這種共鳴感與好奇心會促使他們做出行動。

所以選擇這種行銷方式的話，**你要透過平時的分享內容，表現出你心中的願景或挑戰精神。**

「我正朝向哪個方向前進？」

「我想達成什麼成就？」
「平時的我是依循什麼想法與感覺向前走？」
請把你內心的想法與平時的經歷通通化成文字告訴大家。

透過讓讀者看見你即使充滿煩惱也堅持努力向前走的真實模樣，令他們產生「這個人說的話值得信任」、「總覺得無法置身事外，想要支持鼓勵他！」的感受，主動想成為你的夥伴。

透過品牌行銷風格改變表現自我的方式

到此大家應該都明白，不同的品牌行銷風格也會連帶地改變表現自我的方式。

- 營造憧憬感的行銷方式，是為了觸發讀者的「憧憬情感」。
- 營造親切感的行銷方式，是為了觸發讀者的「親近感」。
- 營造支持感的行銷方式，是為了觸發讀者的「支持想法」。

平時傳播資訊時，所有文章內容皆須緊密跟隨你的品牌行銷路線。

各位讀到這裡有什麼想法？

- 讓粉絲感到憧憬的行銷方式
- 讓粉絲感到平易近人的行銷方式
- 讓粉絲主動想給予支持的行銷方式

請大家仔細思考，哪一種風格最能夠展現你的優點。

在創業初期，「營造支持感的行銷方式」應該是最容易想像的模式，不過也有人從一開始就選擇「營造憧憬感的行銷方式」。

比如經常被問身上的服裝或飾品「在哪裡買」的人；經常被別人模仿的人；學生時代是「受女生歡迎的女生」、「受男生歡迎的男生」的人……這樣的人本來就擁有「受人崇拜的特質」。對於他們來說，採取營造憧憬感的行銷模式更容易成功。

可以改變或混合品牌行銷風格

有時候雖然在一開始選擇營造支持感的行銷方式，但成功建立事業模式之後，便逐漸覺得比起表現「努力的自己」，在粉絲心中塑造「想要變得跟自己一樣」的理想形象似乎更適合事業發展。

出現這樣的情況是因為你的事業階段已出現改變，**為了進一步擴大發展，建議徹底改變品牌行銷的手法**。

當然有些人也會選擇維持營造支持感的方式繼續經營。不同的品牌行銷模式只不過是差在銷售手法及表現自我的方式，並沒有等級好壞之分。

除此之外，也有人將表現美好生活風格（營造憧憬感）以及在家中毫無掩飾的自己（營造親切感）互相結合，**選擇混合兩種行銷模式**。

大家別認定「我只能選擇一種做法」或「選擇之後就只能依循該方向」，放開心胸自由地規劃吧。

02 如何打造吸引消費者的「職稱」

■滿足兩個條件就能靠「職稱」致勝

等到熱情的粉絲增加，慢慢闖出名號，你就能夠靠「自己的名字」去談工作了。不過在起步階段，如果有靠一句話就能清楚表現自我的「職稱」，我們更便於向目標對象傳達訊息。

想要讓別人認識自己，最快的手段是誘使對方閱讀你平時貼出的文章或是聽你談話。可是在雙方初見時，如果對方不知道「你是做什麼的」，他會很難判斷自己願不願意繼續深入了解你。

人們遇見無法做出判斷的事物，絕大多數都是選擇「無視」勝過「先看看再說」。面對初次見面的人，與其劈頭就滔滔不絕地講解自己的產品服務，不如先告知你的職稱，反而更有利於對方理解談話內容。

我們走在街上準備踏進一間店家之前，都會先抬頭看看招牌，而職稱就是你的個人招牌。一如路人會受到招牌吸引而光顧一家店，對你的職稱有興趣的人也會主動想進一步了解你。

接著請大家為自己想一個職稱，一個好的職稱須符合下列兩項條件。

①淺白易懂

職稱的任務是用一句話來呈現你的特色。不管要用中文或台語發音都無所謂，但是務必讓人一看到就能立刻浮現有關你的形象。

②要「名符其實」

假如職稱過於誇大，只會造成頭銜與真正的自己有所落差而感到痛苦。設定職稱並不是為了誇大自我，而是「用方便理解的方式表達自己的份量」。

只要不脫離這兩點，職稱就是「先講先贏」、「什麼都可以」。自己覺得最符合形象，或是「聽到別人這樣稱呼自己會很高興」的職稱就是你的正確解答。

讀到這裡，腦海中已浮現想法的人，就用想到的職稱試著展開你的事業吧。凡事皆需要嘗試才知道結果，職稱也是一樣。如果你之後覺得不太適合，到時再更改職稱也完全沒有問題。

■ 用「事業關鍵字＋一般職稱」的思維思考

儘管職稱不受限制，腦中卻依舊對此沒有任何想法的人，可以試著從「自己的事業關鍵字＋一般職稱」來思考，也許更容易想到好點子。

大家可以參考下一頁的表格的具體範例。

怎麼樣，是不是稍微有些概念了呢？

先找出能夠用一句話解釋事業內容的用詞，然後再從一般常見職稱中選出符合自己形象的稱號。大家只要以直覺來挑選就好，例如：

・主要探討心理層面的人就稱為「諮商師」

如何設計能夠吸引他人的職稱

〈自己的事業關鍵字〉	+	〈一般職稱〉
豐胸療程	+	接待員
輕盈身心	+	治療師
建構討喜心態	+	顧問
重建世界觀	+	製作人
培育次世代粉領族	+	講師
鞋履挑選	+	諮詢師
親子關係	+	諮商師
產後瘦身	+	教練

- 相對能夠輕鬆給予建議的人就稱為「諮詢師」
- 可在激發對方能力的同時，帶領他邁向終點的人就稱為「教練」
- 可以幫忙擬定解決問題的計畫就稱為「顧問」
- 能面對一定程度的人數，傳授知識或技能的人就稱為「講師」

以此類推。

此外也別忘了要考慮語感上是否順口。

除了上述的一般職稱以外還有許多不同的頭銜，建議大家可以從街上的廣告或書店等地方收集各種職稱範例。

職稱就是你的招牌，最重要的是「讓自己能夠自信滿滿地報上名號」。

請想出一個會令你忍不住想自我介紹的職稱，當你每次說出我是誰的時候，你能夠覺得心情愉快、喚起你的熱情泉源而變得熱血沸騰、不自覺地驕傲挺起胸膛、內心雀躍、充滿自信。

03 傳播「自我價值」比任何事都重要

■ 傳達你的「價值」

當你展開個人事業，從那個瞬間起，所有的資訊傳播都會變成「為了經營而分享」，不再是「出於興趣」或「隨興分享自己的經歷」，也就是說，你必須開始**宣傳你的自我價值**。

我們要藉由平常的貼文說明自己能提供的產品或服務，甚至是關於你本身的資訊，將自己的價值告知閱讀的受眾。

不過我的意思，絕不是要你在貼文中向大家推銷商品。

現代人身邊充斥著大量形形色色的商品，比起用「賣什麼東西」來選擇，更會以「賣家是什麼人」來決定是否願意購買。換句話說，「宣傳自我價值」也包含你這個人平常過著什麼樣的生活這一點在內。

請各位從這層意義來思考，「把推銷商品列為次要事項」。**只要能夠呈現自己的豐富性，宣傳自身的價值，即使不強硬推銷，消費者也會主動「想跟你買東西」，進一步推動銷售。**

大家可能會產生誤會，以為分享自己的生活跟以往「出於興趣」、「隨興分享自我經歷」的做法沒什麼兩樣。正因如此，你更要保持「這是為了經營事業所做的宣傳」這種自覺。

舉例來說，假設你發佈一篇「今天難得跟上班族時期的後輩一起去吃午餐」的貼文。你貼出一張漂亮的照片，下方附註「今天久違跟上班族時期的後輩去吃午餐，好久沒聊得這麼盡興，真是開心！」

如果只有這樣，大部分讀過的人只會覺得「噢，這樣啊」。就算是有點興趣的人，大概也只會覺得「你跟後輩感情不錯」而已。別說要培養忠實粉絲了，就連吸引大家追蹤你的機會也沒有。

不過，若你在「今天久違地跟上班族時期的後輩去吃午餐」這個開頭之後，簡單介紹以前還在公司任職時，那位後輩曾找你商量的工作煩惱，最後再以「當時的她現在已是一位能幹的員工，除了覺得歲月飛逝以外，更為曾經身為她的前輩感到非常驕傲」的寫法結束這篇貼文。

如此一來，讀者看完的印象可就大不相同了。大家肯定會覺得「你能設身處地傾聽別人的煩惱」、「是個受後輩信賴與愛戴的人」。

假如你發布貼文時有經營事業的自覺，便不會單純只寫出發生什麼事，而是有深度地告訴大家你是個「什麼樣的人」。

投資這個人會發生什麼好事

宣傳你自身價值的目的，是為了讓讀者不知不覺地「感受到其中的利益」。

舉例來說，認為「你能設身處地傾聽別人煩惱」的人，就會把自己的情況投射到那位後輩身上，對你產生「找他商量的話，他一定會親切地幫我想辦法」的信任感。

如果是從事為別人的人生課題提供方針，陪他們解決煩惱的事業，例如講師或顧問等等，**這種信任感將是吸引忠實粉絲的主要誘因**。

就像引導參加者從講座改參加個人課程一樣，信任感能引領顧客購買下一份商品。懂得有技巧性地發布宣傳內容，順暢地帶領顧客進入下一階段的消費，你的事業就能夠獲得成功。

你的發布內容應該傳達你的工作態度、與顧客來往的方式，展現你能帶來的利益——「跟這個人購買商品會怎麼樣？」、「也許會發生什麼好事？」，這是非常重要的一點。

當你擁有忠實粉絲，開始成功銷售商品以後，繼續跟其他人分享，曾經體驗過你旗下商品的顧客，後來獲得怎樣的「美好未來」，以及他們實際的感想與變化，都會成為更強力的利益暗示。

你可以因此打造出一種良性循環，讓未來的潛在顧客，把自己投射到過去曾體驗過商品的人身上，浮現「我也想成為那樣子」的想法，因此繼續選擇購買商品。

04 用「二階段法」來培養粉絲

■ 讓追蹤者變成你的鐵粉

若想要順利「宣傳自我價值」，帶動實際銷售業績，請記得用二階段法來想辦法培養粉絲。

第一階段是「認知」。這個階段要選用吸睛的語句或照片，先讓一定數量的人認同「這個人還不錯」，目的是營造初次見面的好印象，吸引對方追蹤你。

第二階段是「忠實粉絲化」。這個階段是把第一階段吸引到的追蹤者，從單純的粉絲進化成死忠鐵粉。

那些對你的第一印象是「這個人還不錯」的追蹤者之中，會有部分比例的人對於「這個人是做什麼的？」感到興趣，然後去其他社群媒體上搜尋。如果這群人裡面有人對你的想法與願景產生共鳴，他就會逐漸受到你的吸引，最終成為「想跟這個人購買商品！」的忠實粉絲。

舉例來說，就像是有一位偶然在Instagram看見你並追蹤帳號的人，後來隨著查看貼文的時間增加而對你加深興趣，開始會去點閱你的部落格。因為心中對你產生憧憬感與親切感，便以想支持你的心情購買商品。

我們必須先創造第一階段才能夠邁向第二階段，儘管你不必像無頭蒼蠅般盲目地增加粉絲，但是為了在社群媒體的世界裡爭取曝光度，培養一定數量的追蹤者還是很重要。

話雖如此，這也不代表吸引一定程度的追蹤者之後就可以放著不管，以為他們會自動成為忠實粉絲。懂得利用文章內容來推動追蹤者，順利變成鐵粉是非常重要的步驟。

如果你明明很有名氣，卻無法好好吸引顧客，恐怕就是因為你還停留在第一階段。雖然有一定程度的人覺得「還不錯」，你卻沒有讓其中一部分的人邁向「想跟這個人買東西」的下一個階段。換句話說，你的追蹤者並沒有順利轉變成忠實粉絲。

交互使用傳播型、資產型、交流型的社群媒體

所以我們應該怎麼做，才能打造出從第一階段順利進入第二階段的途徑呢？我建議大

家可以交互使用「適合強化識別度（吸引一定數量的追蹤者）的傳播媒體」及「**適合培養忠實粉絲的傳播媒體**」。

Instagram、推特、臉書、YouTube、部落格……網路上各式各樣用來散播資訊社群的媒體大致上可分為「傳播型媒體」、「資產型媒體」、「交流型媒體」。

Instagram及推特屬於「傳播型媒體」。每一篇貼文的資料量較少，但傳播力強。適合用於發展識別度的階段，吸引一定數量的追蹤者。

部落格或YouTube屬於「資產型媒體」。這類平台適用於發布更深入的資訊內容，例如：製作影片或撰寫文章等有資產型的作品，同時也能夠點閱過去累積的歷史檔案，很適合用在催化追蹤者成為忠實粉絲的階段。當追蹤者已無法滿足於單純在傳播型媒體上查看資訊，他們會轉向部落格或YouTube追求獲得更多相關情報。

電子報或LINE官方帳號屬於「交流型媒體」。此類型的媒體平台適合用於隨時發布即時情報，透過與追蹤者加深交流的方式，使受眾想要更進一步了解你，或是傳達高價商品的優點。

交互使用資產型與交流型媒體，對於促進追蹤者進入第二階段有一定的成效。

■ 網路媒體種類及其特徵

網路媒體的種類	傳播型	資產型	交流型
代表性媒體平台	Instagram 推特	部落格 YouTube	電子報 LINE 官方帳號
適合發布的資訊內容	傳播力強的主題	深入內容	即時情報
發布頻率	幾乎每一天	定期更新	隨時更新
資訊運用的特徵	用於早期增加追蹤者人數	可以點閱過去累積的檔案	拉近發布者與追蹤者之間的距離
對發布者的期待度	低 只是想瞭解商品	中	高 想認識發布者
目標受眾的等級	追蹤者	普通粉絲或忠實粉絲	忠實粉絲
適合目標客群的商品	低價商品	從低價商品發展到高價商品	高價商品

綜合以上分析，先從傳播型媒體、資產型媒體、交流型媒體三者中各選擇一種平台經營，能夠更有效地打造出「先得到一定粉絲人數的識別度（讓他們追蹤你）」及「催化其成為忠實粉絲」的二階段發展模式。

每次發布照片都要用心拍攝

要讓網路上偶然看見你的貼文與照片的人覺得「這個人很不錯」，必然不可缺少「外表很出色」這個條件。

所謂外表並不是指樣貌美醜，而是高雅感、俐落感、親切感、帥氣感之類的氛圍。雖然你需要營造的個人氛圍會隨著推出的產品、服務或品牌行銷手法有所不同，但你希望吸引到怎樣的人來點閱也很重要。

無論如何，**發布資訊時「注重外表」才能夠獲得忠實粉絲**。

假如你想營造優雅的氛圍，但背景卻融入了散發日常生活感的物品，那麼觀看者就不會覺得你是個「優雅的人」。

你必須非常用心地拍攝每一張發布的照片，注意照片裡的各種細節，否則很容易出現破綻。甚至要顧及穿著、妝容、頭髮或肌膚色澤等細微之處。

如果對打扮沒有自信，可以考慮雇用個人造型師。倘若你是一位女性，向專業化妝師請教一些訣竅就能大幅改變外表給人的印象。

此外，不注重儀表的男性也會離成功越來越遠喔。

跟透徹了解你性格的人面對面相處時不會出現的上述這些問題，在社群網路上卻不見得如此。觀看者很有可能因為初次看見你的外表嚇到敬而遠之，連按追蹤都不願意。先打理好自己的外貌，才能夠將沉睡於你體內的自我價值表現出來。儘管請教專業人士指導多少需要支出一些成本，但是考量到你所學習的技巧可以永續運用，這決不算一筆昂貴的費用。

你也許會認為「人不能只看外表」，對於學習打扮外貌感到一股內疚感，深怕自己「實力跟不上外表」，或是覺得「人應該先培養實力才對！」

其實我也一樣。不過外表就如同你的頭銜，是你的「招牌」，絕對不能馬馬虎虎地看待。

你應該先靠外表吸引群眾，然後再慢慢將內在的熱情、想法、信念、使命感以及商品的優點傳達給大家。

學習打扮自己是為了幫助事業邁向成功，花在「招牌」的錢是一種必要經費，請抱持這樣的想法享受妝點自己的感覺，大方地以「注重外表」的方式進行宣傳吧。

05

透過資產型社群媒體加快「鐵粉化」

提供實用的情報，並融入自己的想法

「想跟你購買商品！」是顧客「表態支持」的方式。

換句話說，事業能否獲得成功，端看你能得到粉絲多大的支持。因此你要好好地表現自我，網羅粉絲對你的支持度，將你對自身事業的熱情理念，化為言語告訴大家。

不過，一登場就寫出「我的願景」完全無法吸引到任何人的興趣。與「注重外表的宣傳模式」相同，你需要一個先抓住受眾目光的入口，所以我建議大家可以提供一些對讀者小有幫助的情報。

如果以身為創業顧問的我為例，即是指分享「提升部落格點閱數的三種技巧」、「創業初期容易踩中的陷阱」、「會賺錢的人特別有某某能力」之類的資訊。

願意點閱部落格，表示讀者對你曝光的內容多少有些興趣。

話雖如此，因為他們並不是忠實粉絲，我們可以猜想到他們只是來尋找「有幫助的資訊」。

以我自己來說，那些受到「創業顧問」招牌吸引而來的讀者，無疑都是對「創業」有興趣，希望能夠找到有關創業的實用資訊。

因此我要回應他們的需求，提供一些情報，讓他們覺得「哇，原來如此，學到好東西了」。

接下來要說的是最重要的關鍵。

雖然前面說要提供有用的資訊，但光是這樣會讓受眾覺得「這只是個分享實用資訊的部落格」。直白點來說，就算不追蹤你的部落格，他們也可以靠專門整理類似資訊的統整網站解決問題。

為了讓這群人邁向培養粉絲第二階段的「忠實粉絲化」，你需要做的**不是照本宣科地發布資訊，而是要融入「自己的想法」**。

以前面列舉有關我的範例中「提升部落格點閱數的三種技巧」來說，我可以在介紹完三種技巧後繼續補充：

「我原本以為自己是個毫無特殊才能的平凡上班族，但現在的我卻能夠認識許多名人，過著十分幸福的人生。所以如果有人跟過去的我抱持相同想法，我想全力為他們提供幫助。」

- 我為什麼要在部落格分享這項資訊？
- 我希望誰得到什麼幫助，所以才會花時間分享這項資訊？
- 我為什麼想經營這個事業？
- 我想透過這項事業，向人們或這個社會做出什麼貢獻？

像這樣**稍微透露一些「我方的動機」，你的內容品質就能超越單純分享資訊的情報網站**。

現在的你也許會覺得這些想法太過於雄心壯志，其實我們在建構事業的過程中本來就會浮現各式各樣的念頭，**接下來只要把你的理念化為文字就行了。我們只能藉由不斷練**

習，學習如何巧妙地表達想法。

有些人天生擅長寫作，也有人原本就對此不拿手。但是請別因為自認為不擅長寫作，從一開始就選擇放棄。

只要你心中懷有熱情的理念，經過五篇、十篇、五十篇的練習之後，你就會逐漸懂得如何妥善表達了。

■ 一點一滴持續進行就能累積「資產」

不同於一篇滑過一篇的推特貼文，部落格、YouTube上的歷史文章或過去的影片會不斷地累積成資料庫，所以對你產生興趣的人能夠參考以前你曾上傳的文章或影片，這就是為何部落格會稱為「資產型媒體」的原因。

過去發布的部落格文章、拍攝的影片，全都是積聚有關你的個人資訊及熱情理念的「厚實名片」，有如你隨時可以回顧的「隨手筆記」。每一次上傳內容就像是累積信賴的保證，稱此為你的「資產」也不為過。

創業初期，大部分人在社會上通常還沒有任何地位。尤其是辭去公司職位者更是如此，少了頭銜的光環，有些人或許會對回到「獨自一個人」感到不安。

除此之外，要寫出長篇文章需要付出一定的時間與心力。編輯影片也一樣，這些事情直到習慣為止都是相當辛苦的工作。

正因如此，以資產型媒體作為第一個宣傳平台的人，首先會碰到的難關往往是「能不能持之以恆」。而且一開始很少會有粉絲給予回應的情況，也容易造成更新動力下降。

當你創業初期遇到挫折，如「沒有身份地位的不安」、「沒有持之以恆的動力」等等問題，請務必回想起現在本書所說的話。

持續在資產型媒體上發布資訊就是在累積屬於你的「資產」，我本身也時常從自己過去的文章中得到鼓勵或是重回初心。

你今天所寫的部落格文章、上傳的影片，不僅是讓追蹤者「忠實粉絲化」的材料，也是送給未來自己的禮物。

06

模仿成功人士的「自我宣傳法」與「行銷法」

■ 所有的成功者都是從「模仿」開始

熱情泉源來自於哪裡？人物誌的目標是哪些群眾？利益是什麼？你又要如何做品牌行銷？

到目前為止，我們的重點基本上都放在與自己對話，不過既然決定要經營事業，懂得觀察四周也很重要。

世上應該沒有不存在的產品服務。如果事業能夠成功，原因通常不是「你提供了過去沒有的服務」，而是「從熱情泉源×人物誌×利益的組合找到了新的方向」，以及「善於自我宣傳及行銷」。

社會上有許多人在創業或經營副業的路上闖出一片天，我們一點也不缺乏學習榜樣。

往後請各位積極參考相關產業的成功人士，盡可能地模仿及運用他們自我宣傳與行銷的手法。

大家一聽到模仿，腦中可能會浮現不好的印象，可是在現實中，真正能無中生有的人極其少見。現在事業經營得有聲有色的人，最初也是從模仿別人開始做起。

你覺得這樣做會成為別人的翻版，或是失去自己的獨創性嗎？那你就錯了。

在這個世界上只有一個你，也正是這個獨一無二的你將自己的熱情泉源、人物誌、利益相互結合，嘗試打造出僅此唯一的事業，因此無論是模仿誰的自我宣傳或行銷模式，你早就已經擁有獨創性了。

當然，我們決不能做出如同未經許可複印他人教材，這類觸犯著作權等有關智慧財產權的行為，但我們可以把獨一無二的自己當成篩選器，模仿他們的「做法」。

假設你要經營講座事業，你可以向該領域裡的成功人士參考如何訂定收費金額、招募多少人、要舉辦線上還是實體講座、實體講座又該選擇什麼樣的會場等等。

像這樣模仿及運用成功人士的經營系統，其實是十分常見的事。

抗拒模仿的人，可能是內心也討厭別人來模仿自己。這是一種己所不欲，更不想施加於人的心理。

不過，你不妨換一個想法。

為什麼人會想要模仿別人呢？當然是因為他想變得跟對方一樣成功。也就是說，有人模仿你，正表示「你已經是個別人願意效仿的成功者」。

既然如此，不如乾脆把自己「已成長到能夠被別人模仿」當成是一種成就。這樣轉念一想，或許可以變得不再排斥別人來模仿自己，也不會再抗拒去模仿別人了。

■ 從「了解消費者」做起，模仿表現方式與行銷手法

商業上有「市場導向（Market in）」及「產品導向（Product out）」兩種思維模式，大致說明如下：

- 市場導向（Market in）：將自己的事業投入既有市場中
- 產品導向（Product out）：推出尚未出現的價值，親自打造市場

產品導向的模式如果成功就能大賺一筆，因為你創造出市場上還未出現的價值，沒有其他競爭對手，可說是「一人獨贏」的狀態。不過要靠個人力量挑戰這種經營模式也相對比較困難。

我們必須先挖掘出消費者的潛在需求，才能順利把目前尚不存在的價值投入市場。因此除了技術以外，更需要有精準預測哪些產品服務能夠大賣的眼光，以及足夠支撐商品漫長的設計過程和反覆不斷測試的雄厚資金。

如果要獨自開創事業，採取以既有市場為目標的市場導向模式才是上策。比起從零開始挖掘消費者的潛在需求，瞄準目標客群的顯性需求反而更快上手，也更容易成功。

大家完全不必擔心這樣做是不是會被其他類似商品淹沒，因為我們早就已經想好能夠在既有市場獲得成功的「組合」了。

即使市場上有許多人推出看似雷同的商品，你仍可以——

- 找出自己的熱情泉源

・把顧客的條件範圍縮減到只剩「一人」（建立人物誌）
・思考你的商品能帶給消費者什麼利益
綜合以上三點，再加上——
・向成功人士學習自我宣傳及行銷方式

如此一來，屬於你的唯一事業在既有市場裡也能綻放光彩，足以和別人競爭。**先將經營思維定調為市場導向並完成某程度的商品設計之後，接下來只要模仿別人的宣傳及行銷手法就行了。**

抱持著這樣的想法，你就能鼓起勇氣「先試試看再說！」，而不是「胡思亂想導致不敢踏出腳步」，或是「越想越不知道該怎麼做才好」。

其實，這股決心就是邁向成功的最大關鍵。

Chapter

04

如何磨練吸引忠實粉絲的資訊傳播力

01

善於「傳遞價值」的文章才有魅力

■ 培養鐵粉的部落格文章寫作8大技巧

根據你在與顧客的「最初交會點」，如社群網站或部落格裡採用的表現方式，經營上也會有明顯差異。尤其是部落格，這種媒體平台是從向一定人數介紹自己的階段踏出第一步，再透過「傳遞自我價值」說服讀者採取實際購買行動。

因此本章節將介紹資訊傳播力——也就是具體列舉能夠培養出忠實粉絲的部落格寫作術。有些人一聽到要寫出長篇文章馬上就會浮現排斥感，不過請各位放心，部落格是一個能夠非常輕鬆地發表言論的空間，大家不必想得過於嚴肅。

下面是幫助各位培養鐵粉的八個文章寫作技巧。

①用有如跟點頭之交閒談的口吻書寫

不管你選擇哪一種品牌行銷風格，表達時絕不能缺少「友善感」，但是過度裝熟又有造成讀者反感的風險，所以**請想像你正在跟點頭之交而非熟識好友閒談一樣**，用「你說對吧？」、「你不覺得嗎？」的口吻來書寫文章。

②不要提到專門術語或業界用語

很多人會把拿手領域的業界用語或專業術語當成日常用語來使用，可是你想要吸引的讀者並不是同行，而是沒有專業知識的普通顧客。

人們在瀏覽社群網站時通常不會動腦「閱讀」，往往只是「快速瀏覽」，所以各位寫作時請把讀者當成對該領域完全不了解的人，用**國中生看完也能夠理解**的方式來傳達訊息。

我在部落格等網路平台上幾乎不會使用「人物誌」這個說法，都是用「想傳遞想法的對象」來表現，因為「人物誌」是一種市場行銷的專門術語。

之前有一位專門分享戀愛心理學資訊為主的講座學生，我建議他使用「自我接納」一詞時可以改用下述方法。

「自我接納」在喜愛心理學或自我啟發主題的圈子裡是很熟悉的用語，可是那位學生的人物誌是「每天往訪公司與住家的粉領族」，突然冒出「自我接納」這個詞，恐怕會有很多人不明其意。

於是我請他獨立寫一篇「何謂自我接納」的說明文章，每當他需要使用這個用語時，就一併貼上該說明文章的連結。

雖然是專門術語，有時候像這樣透過附帶說明的方式，讓讀者看見你的知識深度，也是一種有效的策略。

如果沒有給予讀者任何註釋，理所當然地使用專門術語，對於沒有專業知識的人而言會很難閱讀，產生「好像很困難」、「不適合自己」的印象。

③讓人有如身歷其境

請大家比較下面兩段句子。

- 工作面試沒有得到錄取時，內心實在很遺憾。

- 當我收到第一志願的公司寄來未錄取通知時，內心深深受到打擊，完全沒有心情做任何事，也不想見任何人，大約有半年的時間都關在家裡。

各位覺得哪一句讀起來比較有感覺呢？當人們在腦海中勾勒出鮮明的情景，便會覺得自己似乎能與情境中的人產生想法上的共鳴。

我們要避免像第一句單純只講述「發生什麼事」、「自己有何感受」的寫法，應該效仿第二句的模式，告訴讀者事情發生以後自己遇到什麼情況。有如身歷其境地描寫當下情境，可以激發讀者感同身受的感覺。

④口氣請明確而篤定，不要使用意思模糊的語尾

若經常使用「似乎」、「我覺得」這種來自傳聞或自我猜測的寫法，讀者會覺得「這個人不是專業人士吧？」、「他好像很沒自信，不太可靠」，因此**談及事業核心理念或主張時，請用篤定的口吻來表達。**

假如你覺得「我會不會把自己寫得太自大了」，那麼請先改變你的想法。

你是世界上獨一無二的人，有些話語只有你才能傳達。面對「想傳達想法」的目標顧客，請務必用「我是〇〇〇」的明確語氣說話。當你改變對自己的想法，語尾自然也會變得強而有力。

不過，當通篇文章因為語氣堅定而顯得過於嚴肅時，請特別在文章最後緩和一下氣氛。

「今天的主題有些嚴肅，但我無時無刻都會為大家加油。」

「以前的我其實也經歷過相同時期，如今回想起來，那些自尋煩惱的時間實在是太浪費了。我今天是以對過去的自己講述的心情，清楚地寫出我的想法，希望大家都能體會我想表達的意思。」

像是這樣在文章最後表達你對讀者的愛，能夠緩和整體嚴肅的讀後感。

⑤一篇貼文只談論一個主題

當你心中想要提升文章的內涵，容易傾向塞滿一堆內容，試圖以「量」致勝的做法。

可是大多數的讀者往往無法一次接受大量資訊，萬一因此令他們產生「文章好長」、「看得好累」、「文章好難懂」的閱讀壓力，你難得想「分享資訊」的心意反而會造成反效果。

請忍耐想要長篇大論的心情，每一篇貼文只要專注談論單一主題，努力提高單篇文章的品質，淺白易懂地表達你想說的理念。

「文章結構」是讀者能否容易讀懂內文的關鍵。你可以選擇類似散文的風格，書寫像小品文般的文體，不過**作為有明確目的性的文章，絕對不能缺少流暢易讀的結構**。

話雖如此，大家也不必想得太困難。如果每一篇文章內容都是單純談論一個主題，你只要**在文章的開頭跟結尾各強調一次重點即可**。掌握這個技巧，你就能寫出讀者易懂的文章。

⑥大量融入自己的理念

寫出你重視的理念、思想、對事業未來的展望，文章自然能夠傳達想法。

通常比起「對方在賣什麼」，消費者更重視「是誰在賣這些東西」，而忠實粉絲就是對你的「理念」產生共鳴的人。

「我想以創業顧問的身份，幫助創造新時代的女性！」

我們要在文章中大量融入像這種熱情理念，打造兼具友善氛圍及充滿強烈意志的內容。

⑦寫出「反論的反論」

所謂「反論的反論」是指**事先猜測顧客可能會提出的「反對意見」或「疑問」，並給予回答**。以下述句型為例：

「聽到這樣的說法，你或許會覺得……但只要改變一下觀點，其實也可以解讀成……」

當你打算寫出進一步深入的內容時，請先思考「讀者可能會提出哪些反論或問題」，你可以試著「暫時排除自己的觀點，用旁人的角度來閱讀文章」。

不要單方面表達你的想法，事先猜測讀者的反對意見或疑問並給予回應，這種寫法更能加強文章的說服力。

⑧先檢查是否有謬誤之後再發布

經過「推敲問題」的調整步驟，文章基本上就完成了。但是寫完之後請務必再重頭看一遍，檢查理論是否有矛盾之處，有沒有使用艱澀難懂的專門術語，配合必要性修正文章細節。

文章寫好之後，請一併檢查是否有如同下列的謬誤之處。

- 是否有藉由否定什麼事情來襯托自己？
- 文章是否有爭強好勝的口氣？
- 內容是否有強硬說服讀者的感覺？

沒有自信的人會出現兩種表現，一種是文章語氣模稜兩可，另一種則是為了掩飾沒自信的自己，反過來使用攻擊性的口氣。

讀者感受到的攻擊性能量遠比你想象中還要強烈，這樣不僅會造成對方的反感，流失你的追蹤者，也有可能吸引同樣具有攻擊性能量的人朝你聚集而來。

培養鐵粉的部落格寫作法（範例）

符合重點①②④⑤⑧的範例

今天我想來談談「你想把心中想法傳達給什麼人？」的主題。
有沒有預先想好這道問題的答案將會產生巨大影響，決定往後你花在分享資訊上的時間與勞力是否能獲得回報，或者只是白費工夫。

簡單來說，「你想傳遞想法的對象」正是會購買產品服務的顧客。
換句話說，他們就是「尚未出現的潛在消費者」。
請先在腦中認識你的顧客。
當你開始想像自己的產品服務能帶給顧客什麼樣的轉變，讓他們展露笑容，自然就會湧起採取行動的幹勁。

這部分也許有點費時，但是等到你慢慢能夠描繪出顧客形象以後，你將逐漸找到屬於你的宣傳內容與方式。

符合重點①③④⑤⑧的範例

身為顧客第一個會感謝的業務，對當時的我而言是深感驕傲的事。
在那六年當上班族的時光，我為了主導更大型的企劃案、繼續達成目標業績，拼死拼活到處拜訪客戶，總是忙到搭乘末班車回家。

「這種生活還要持續多久？」
即使心裡有這種想法，我也沒有足夠堅強的意志或體力去改變現狀……

就在這個時候，一位家中育有兩子，同時也是從我新人時期就很關照我的前輩，以「要兼顧業務工作及養育子女實在太困難」為由離職了。

儘管我覺得上班生活很充實，卻失去了理想目標，開始對將來產生強烈的不安及焦急，不知道自己該怎麼做才好。

彷彿被黑暗籠罩的我一想到未來就夜不成眠，日復一日過著這樣的生活。

為自己的文章訂定「價格」

在部落格書寫文章的時候，有些人會對「我分享的資訊究竟有多少價值？」感到不安。雖然你的事業及個人價值並不會因為任何事而受損，但是若能意識到「價格」的前提下書寫文章，更能夠寫出具有內涵的內容。

剛創業的時候，通常還沒有什麼人認識你。因此想靠寫部落格培養忠實粉絲的話，「主動分享資訊」的心態就是成功關鍵。

如果你打算建立一項事業，那就不能只當成是「單純寫日記」，你所發布的內容必須具有即便收費也很合理的價值。

請先為你自己的文章訂定價格，期許自己能夠「寫出一篇值得○○元的文章」。如此一來，你就能創作出含有充實資訊及知識、易讀易懂、值得該價格的文章內容。

02 利用文章標題吸引讀者點閱內容

替文章取一個「讓讀者忍不住想點進去看」的標題

不管文章內容多麼出色，你仍需要一個令讀者驚喜的標題，才能吸引他們在龐大的資訊海中點進你的部落格。

尤其是在部落格創立之初，就能從文章標題看出你是否能順利「讓追蹤者進化成忠實粉絲」。

以下是設定文章標題的3大重點，請大家務必記下來。

①加入自己的目標客群可能會搜尋的關鍵字

你預期的理想顧客有什麼問題或是需求？他們會輸入哪些關鍵字，以求解決問題或滿足他們的需要？

請把腦海中浮現的詞語加入標題，例如「副業＋提升收入」、「產後＋想變精實纖瘦」、「快速準備便當＋做法」等等。

②在開頭寫出吸睛的關鍵字

將①想到的詞語放在標題的開頭可以獲得更好的效果。

網路文章是橫式閱讀（由左向右），所以請將關鍵字放在標題的「左側」。

這是很重要的步驟，因為讓讀者率先看到吸引注意力的詞語更能提高他們點閱的機率。

除此之外，如果把吸引目光的關鍵字放在標題的後半部（右側），當文章被人分享到其他社群平台時，過長的標題並不會全部顯示出來，反而到中間就被截斷了，遇到這種情形，讀者根本不會看見我們特地加上的吸睛語句。

所以關鍵字一但放錯位置，我們便無法靠文章標題製造吸引讀者的效果。

③加入具體的數字

「成為○○的五個法則」、「○○的人都有三種共通點」……

像這樣在標題中加入數字，讀者會覺得你可以言簡意賅地講述重點。

他們會主動把自己代入其中，在心中想像「五個法則？那我說不定也能辦到！」、「我有符合這三個共通點嗎？」，然後決定「我也點進去看看」。

■「試著多寫幾個」當作一種訓練

跟寫文章一樣，設定標題也是練習越多次越容易掌握訣竅。經過一段時間的訓練，就能培養不需思考太久即可寫出吸睛標題的能力。

我在創業初期，每次都會列出約十個標題，反覆更換用詞或是改變詞句組合，我也會實際把標題唸出來，選擇最順口的句子。

到了現在，我已經有辦法即刻想出「就是它」的標題。

我也會建議參加創業講座的學生，請他們**一開始就盡量列出各種標題以供選擇**。雖然這種事並非一朝一夕就能辦到，但只要勤加練習，技巧必定會進步。文章寫作能力也是寫得越多，越能夠培養出堅強實力。

研究廣告標語、書名或宣傳標題，對於鍛鍊文章標題的品味是非常有效的方式。畢竟都是由專業人士絞盡腦汁編寫出來的成品，廣告跟書本皆充滿了魅力十足的金句，或是令人眼睛為之一亮的文句組合。

過去的你也許不曾特別留意，但街道上的廣告看板其實就是靈感的大寶庫，請盡量從專業人士身上學習技巧吧。

為部落格取名只要「擇你所愛」

或許有些人不知道該怎麼替部落格取名字，關於這個問題，你只要把規劃事業的過程中，思考「熱情泉源、人物誌、利益」時浮現腦海的詞語列出來就行了。

我更建議大家**將「讀過這個部落格後能獲得什麼？」的「利益」化為淺顯易懂的部落格標題。**

替部落格取名跟設定職稱一樣，只要是你覺得「大家可以藉此知道我是從事這類工作的人」就是正確解答。

假如實際營運後覺得並不適合，也可以事後再做更改，我個人就是如此。原本我的部落格標題是「靠副業聰明提升收入！讓顧客成為粉絲的一百種方法」，後來進一步改成「靠喜歡的事聰明提升收入！讓顧客成為粉絲的一百種方法」。

03

就算沒有獲得迴響也要堅持半年

■ 不心急、不擺爛，最重要的是堅持不懈

大家剛創立部落格時，往往都想立刻獲得反應。

「我有確實成功宣傳自己嗎？」

「我的訊息有順利傳達給符合人物誌的客群嗎？」

「有多少人願意接受我的商品呢？」

正因為有很多不清楚的疑問，所以沒有實際看到讀者迴響難免會感到不安。不過，這種時期更需要咬牙忍耐。

畢竟在資訊爆炸的世界裡，大家早已追蹤了許多帳號，就算是符合你人物誌設定的對象，他們也很難立刻就找到你。

但是只要你堅持住，按照前面所提到的重點方針經營，你所發布的內容總有一天會傳

遞給真正需要的人，到時候就能獲得讀者回饋了。

最重要的是，在那之前絕對不要心急、不要擺爛，一步一腳印地持續經營。

之後你將會看到一些變化，比如「粉絲數逐漸增加，開始有讀者會在文章中留言」，或是「實質粉絲數沒有增加太多，但有人願意購買高價商品了」。

儘管不同的事業類型會出現相異的變化模式，但無論如何，只要你細心經營，**致力提供高品質的資訊內容，遲早都能獲得一定數量的人認識你。**

累積半年的文章絕對不會毫無用處

話雖如此，得不到回應難免令人失望。

你可能會悶悶不樂地想：「是不是沒有人需要我提供的東西？」、「我是不是完全搞錯方向了？」

但是不管怎樣先堅持半年再說吧。

我希望各位以「每日更新」為目標，不過每個人完成一篇文章的時間與精力畢竟有所不同，**為了養成習慣，請至少兩到三天更新一次。**

以往很少寫文章的人需要花很多時間，才能習慣創作一定長度的文章。除此之外，沒有人在剛起步時是完美的，我們都必須經過各種嘗試與失敗，慢慢修正文章內容的軌道。

如果經營時間少於半年，帳號根本還沒有培養好，很明顯可看出連「先讓大家認識自己」的最初階段都沒有達成。既然已下定決心要做，早早就輕言放棄實在太可惜了。

獲得一定的知名度後，發送資訊的模式仍需一段時間才會步上穩定的軌道，請大家務必耐著性子慢慢努力。

你也有可能遇到即便同屬「資產型媒體」，但經營 YouTube 比部落格更適合你，抑或是有必要調整人物誌設定及商品利益的情形。

雖然像這種必須改變資訊傳播平台或整體事業方向的可能性並非為零，但是在短時間內就要做出決斷或許太心急了。

如果至少堅持半年，即便後來調整經營方向，這段期間所累積的東西，也必定能在下一段發展中發揮效用。**請把最初階段視為累積「用心編排高品質內容」的學習期間，做好「先持續半年」的決心吧。**

04 為將來發展盡可能地播下種子

■ 需要一段時間才能收穫名為「收益」的果實

栽培作物時，並非所有播下的種子都會結成可供收穫的果實。其中也有不會發芽的種子，或是得在中途拔除一些，因為較虛弱而在生長期間染病的芽，以幫助其他健康的嫩芽成長茁壯。

因此想要一定數量的收穫，我們必須先大量播種才行。

接著還需要一段時間，部分播下的種子才會發芽，健康成長並結成果實。在這段期間，農作物需要大量吸收水分、陽光與營養，最後才有機會豐收。

假如把「播下的種子」換成「由自己發布的資訊」，將「冒出的綠芽」視為「追蹤者」，那麼經營事業跟耕耘作物可說是毫無兩樣。

先埋下名為資訊的種子，將社群媒體中冒出的追蹤者綠芽培養成忠實粉絲，然後說服他們購買商品或服務，這段過程本來就需要耗費一定程度的時間。

大家別急著追求「產品熱銷」的成果，先大量地撒下種子——也就是**不斷地發送有關事業項目的資訊吧**。

事業剛起步時，通常還沒有什麼人認識你。我們站在相對的消費者立場來思考便能夠理解，如果他們面對「不知道有什麼理念」、「不知道在做什麼事情」的人，當然不太願意掏錢出來。

正因為這樣，**我們在事業初期要毫不吝嗇地分享資訊，才能建立培養忠實粉絲的基礎**。

這點對於講座講師這類以傳授知識為業的人來說更是如此，千萬不要訂定「免費分享只到此為止」、「接下來屬於付費內容，恕不公開」的資格限制。

擁有越豐富的分享內容就會有越多群眾慕名而來，而且分享高品質的內容，也能聽見讀者對你「無私分享實用知識」的感謝心聲。

心靈層面的感動，將會促使碰巧看見你的讀者成為追蹤者，然後再慢慢變成忠實粉絲。

前述「播下大量的種子」指的便是這個意思。為了大量分享內容聚集而來的人之中，只要有百分之幾的人成為忠實粉絲，你的事業就能順利營運了。

「還未成為粉絲者」的心聲，也是事業發展的靈感來源

當你的商品已有一定的銷量，事業開始順利運轉，對分享內容有所保留並不是聰明的做法，我反而建議要更極盡所能地分享資訊。

為什麼要這麼做呢？因為**提供高品質的資訊可以得到同樣高品質的回饋**。

除了來自忠實粉絲熱情的大量提問與要求，同時也不能忽略「還未成為粉絲」的人。換言之，你要傾聽那群對你抱有好感，有意願體驗商品或服務，但目前還沒踏出那一步的人回饋給你的感想。

假如已有「想購買」的意願卻遲遲不下單訂購，背後必定有某些原因。許多時候，**這群還未成為粉絲者的回饋會為你帶來靈感，幫助你開創新的事業項目**。

就拿我來說，平常我大部分都在分享「適用商業經營的社群平台運用法」，直到有一天，我察覺到**顧客還有另一種需求**。

當時有許多人看過我的部落格後申請要參加講座，與此同時，我也經常收到下述的留言。

「我知道堅定自己的方向持續向大眾分享資訊很重要，但到底要怎麼做才能找到方向呢？」

「我想依照藤AYA老師的建議，把喜歡的事情當成自己的事業，可是我不知道自己究竟喜歡做些什麼，我該怎麼辦……」

「我有很多興趣愛好，實在沒辦法選定單一項目，我想學習訂定經營方向的方法。」

看見這些留言我才明白，「原來社會上有很多人對掌握事業發展方向感到苦惱」。

而我主要分享的「適用商業經營的社群平台運用法」，本是以早有成熟的經營方針及商品設計為前提，教導大家如何在市場上做自我宣傳。可是在現實中，有些人在達到這個前提之前就已經止步了。這是只能從讀者回饋中察覺的事情。

於是我決定除了原本的「社群平台運用法」之外，另外舉辦以「尋找你喜歡的事物」為主題的一日講座。

我向大家介紹一位友人的案例。

這位朋友是專門拍攝人像的攝影師，他會替獨立經營事業的人拍攝「個人檔案照」。

他的部落格主要分享自己對拍攝個人檔案照的想法，以及有關顧客和工作上的事情，後來開始收到一些如下列的留言。

「我很想請你幫我拍攝好看的個人檔案照，可是我並不是經營什麼大事業，這樣子也能請你幫我拍照嗎？」

「我不知道怎樣的個人檔案照才適合自己，請問可以跟你討論嗎？」

他原本的服務是替已經建立明確品牌的人拍攝「符合形象」的照片。

然而上述留言的人（還未成為粉絲者）雖然有很高的意願想請他拍攝照片，卻不知道「自己想要拍出什麼感覺」，因此無法下定決心提出委託。

於是他推出新的方案（商品），在拍攝時提供穿著、化妝、照片氛圍的詳細建議，並協助顧客本人或他的事業「打造世界觀」。簡而言之，他即是在既有的「拍攝個人檔案照」服務中，另外加入「個人品牌行銷顧問」的新選項。

不止如此，這項方案正式步上軌道以後，接著又有人提出「想要有系統性地學習個人品牌行銷方法」，所以他最近也開始舉辦有關個人品牌行銷的講座。

如果平常對分享內容有所保留，你的文章主旨就會變得模糊。而常常出現這種模稜兩可的內容，讀者只會感受到你想營造某種氣氛，卻抓不到你的語意。這樣的話，你便無法得知這些尚未成為粉絲的人有什麼需求，最終錯失拓展事業的機會。

正因為毫不吝惜地大量分享自己的想法、資訊、知識，尚未成為粉絲的讀者才會明確感到「我想體驗這個人提供的服務，真希望他能推出其他方案」，然後將需求化為文字告訴你。

先前提到「提供高品質的資訊能夠得到同樣高品質的回饋」即是這個意思。而聽取這些意見回饋，就是從既有的產品服務中開拓新發展的機會。

05

對每天發布文章感到疲乏之時……

保持個人步調，一步一腳印地持續執行

曾經有創業講座的學生告訴我，他沒有自信能夠持續更新部落格。其實部落格文章不一定要每天更新。在我看過的許多講座學生之中，照個人步調輕鬆愉快地持續分享文章的人更容易成功。如果半途而廢實在太可惜了。

停止更新文章就等於放棄開拓事業的機會。而中斷更新的時間越長，過去定期上傳的舊文章品質也會慢慢劣化。等到你重新燃起「想繼續經營個人事業」的熱情時，你又得從頭來過了。

最重要的是保持個人步調，不要停止更新，一步一腳印地持續執行。至於要如何保持經營的熱情，這就是創業初期的個人課題了。

儘管最初幹勁十足，但是沒辦法馬上得到迴響或成功銷售商品，於是熱度也漸漸減退……各位可能會遇到這樣的狀況，而且要在這種狀態下持續創造內容，必定是相當困難的一件事。

那麼熱度開始減退時該怎麼辦呢？針對這個問題有兩種處方箋。

第一份處方箋：請回想初期曾經思考過的「熱情泉源」、「人物誌」及「利益」。

- 你為什麼想經營這項事業？
- 你之所以設計這項商品，是想為誰帶來怎樣的改變？
- 購買商品的人會發生什麼好事？

請回顧規劃事業內容時，你曾用心思考過的答案吧。

第二份處方箋：重新鮮明地描繪你的願景。

■ 你想透過這項事業變成怎樣的自己？

- 除了提升收入、充實生活這些理所當然的現實理由，請將眼光放得更長遠一點，想想自己要藉由這份事業，成為能夠帶給人們或社會哪些影響的存在？

雖然我們都曾在創業初期仔細想過這些問題，但一段時間沒有重新回顧的話，輪廓會慢慢變得模糊。

此時內心就會產生「我為什麼要做這件事？」的迷茫或疑問，最終導致熱情減退。所以改善熱度下降最有效的方式，應該像尋找清澈的溪流源頭一樣，回到自己心中的熱情起點。「回歸原點」之後，你將找回當初決定經營事業的熱情，連帶提升分享資訊的動力。

■ 避免因投入（Input）不足，導致產出（Output）乏力

另外一個可能造成難以持續更新的原因，即是對「寫作靈感匱乏」感到不安。撫平這種不安的處方箋也很簡單，當你開始缺乏靈感時，索性就把事業推入市場吧。也就是暫時結束提供資訊的階段，正式對外販售產品或服務。

為什麼正式開放銷售會是解決問題的處方箋呢？因為「缺乏靈感導致難以繼續分享新

內容」的情況換個說法來解釋，就是「投入（Input）不足導致產出（Output）之力」。

換言之，**要消除這種不安只要強化投入的資源（Input）就好了。其中最直接的方式，便是正式開始營運你的事業。**

在正式營運之後，你將實際接觸到消費者，變得不再是單方面的分享，可以收到來自消費者的感想或問題。

你接收到的這些資訊（Input）會以另一種形式化為部落格文章的靈感發揮功用，例如「以前曾有這樣的顧客，後來他們得到這樣的改變」、「曾有人向我提起這個問題，我這樣回答他」、「我接到這樣的訂單後，給予對方這樣的商品」……

從這個角度思考，你將發現經營事業不單純是「自己跟消費者之間的商品與金錢交易」。

顧客購買你的產品服務後給予的意見回饋，將成為未來更新部落格或社群媒體的文章話題，或是從顧客身上找到改善產品服務的靈感及激發新事業項目的好點子。

更進一步來說，不止是購買商品的人，所有從粉絲針對商品的提問或需求中獲得的靈感、讀者在部落格文章裡留下的鼓勵留言，往往都會為自己帶來勇氣。

社群平台是粉絲與你互相給予的地方。

你為了粉絲，經常透過發布文章的方式分享資訊，並且提供商品，為他們創造利益。而粉絲們為了你，以回應文章的形式給予你勇氣，以及藉由購買及體驗商品，為你提供新靈感或改善內容的想法與好點子。

能夠創造一個溫馨地為彼此付出的空間，這也是獨立創業跟經營副業的優點。

06 商品上市公告是招待讀者參加快樂派對的邀請函

不要「主動推銷」，只要「通知」與「邀請」

一般文章的內容通常是分享實用的資訊，或是呈現你的生活風格與價值觀。而對於創業或副業的經營，是否能爭取讀者對你自身的支持與共鳴，將會影響到商品銷售的成效。雖說「所有的文章都是為了強化業績」，但也不表示你一定要主動推銷商品。如果可以獲得忠實粉絲的支持與共鳴，往後就算不拼命推銷，你的商品依舊會持續熱賣。

當你準備要正式銷售商品時，**與其急著「主動推銷」，反而應該以「告知」、「邀請」的態度，編寫一篇容易理解概要的公告文章。**

不要對讀者施加「趕快來購買」的壓力，用招待他們參加一場快樂派對的感覺，告知他們「這裡有這樣的商品」、「我有推出這樣的服務」。

我希望大家隨時提醒自己以下三點。

①預期會購買商品的消費者（人物誌）

我們在第二章「建立人物誌」的步驟裡，已經把目標顧客的條件範圍縮減到只有一人。這段過程的經驗，實際上也會在介紹商品時派上用場。如果以「贈送商品」的心態寫文章給符合人物誌的對象，我們將會更容易把商品資訊傳達給真正需要的人。

②從該商品得到的經驗，可以創造更美好的未來（利益）

這也是我們在第二章絞盡腦汁思考過的答案。符合人物誌的消費者購入你的產品後，他們能獲得什麼美好的經驗或未來呢？明確地列出商品能夠帶來的利益，有助於提高顧客的購買意願。

比如同樣是「適合男性的瘦身產品」，如果把人物誌分別設定為二十五歲跟三十歲，產品相對能帶來的利益也不盡相同。

假設人物誌的年齡設定是「二十五歲的男性」，利益為「可以鍛鍊出六塊肌，交到漂亮女友」，那麼人物誌設定為「三十歲男性」時，卻可能是「瘦下來之後穿西裝會更帥氣，提升自己在公司內外的個人評價，在事業上闖出一片天」。

即使兩者都是「適合男性的減重產品」，卻因為僅僅相差五歲的年齡設定，衍生出完全不一樣的預期利益。

你的商品擁有哪些別人沒有的價值？**倘若你確實理解商品的魅力、賣點及效果，能夠有條不紊地向消費者做介紹，自然而然會對自己的產品產生自信。**

這份自信能量會隱藏在你的文章裡，讓讀者因為字裡行間散發出來的能量而深深感動。

③該商品的缺陷（不想購買的原因、商品的缺點）

大家可能會覺得很驚訝，其實在推出商品的介紹文章中加入負面要素，反倒會加強消費者的買氣。

當人們對某樣東西感到「好想要！」的同時，也會浮現幾乎同等強烈的「不買的理由」。因為人通常有「想維持現狀」，「為此盡量避免變化」的傾向。

儘管他們心裡很想「嘗試美好的體驗」或「期望改變」，但不立刻做決定、找理由放棄購買對他們而言反而更輕鬆。因此消費者常常會尋找不購買的理由，選擇「不要改變」。

舉例來說，「價格」是最容易造成消費者不買單的原因，所以你可以試著這樣表達——

「大家或許會覺得花〇〇圓學習減重知識太貴了，不過請各位仔細想想，減重必備的營養學知識在往後將會是跟隨你一輩子的技能。」

我們用這種方式事先排除「不想購買的理由」，那麼顧客心中「不想購買的理由」也會隨之消失，進而說服他們願意消費。

此外，大家也常因為太想賣出商品，洋洋灑灑地列出許多商品的優點，其實這樣反而會造成讀者的不信任感。

世界上沒有適合所有人的商品，舉例來說——

「本講座屬於短期衝刺班，作業量相對比較多，有些人可能無法跟上進度。」

「由於本講座將解讀深層心理的問題，對於過去不曾正視自我脆弱面的人，也許會經歷一段心情沉重的時間。」像這樣先提出已知商品會帶來的壞處，消費者就會因為你的誠實而產生信任感，並由此轉換成購買的動機。

主動提出產品缺點的做法，也可以作為招攬「真正想吸引的客群」的佈局手段。以前面所舉的例子來說，我們可預期得到這樣的效果——

「本講座屬於短期衝刺班，作業量相對比較多，有些人可能無法跟上進度。」

↓只有希望能在短期內獲得成效的人會來參加。

「由於本講座將解讀深層心理的問題，對於過去不曾正視自我脆弱面的人，也許會經歷一段心情沉重的時間。」

↓提前告知，避免出現中途遭遇挫折就選擇放棄的人來參加。

避免奧客接近的三條鐵則

接到客訴並非全然都是壞事。

世界上甚至有公司很重視客訴問題，將其視為提升品質或是對自己的一種告誡。我們也經常聽到消費者因為公司充滿誠意地解決問題，而從不滿的客訴者變成粉絲。

不過在客訴者之中，確實也存在「單純是雞蛋裡挑骨頭」的人，而獨立創業者不像設立有「客服部門」的大企業，人力資源實在有限。

老實說，凡事都得親力親為的創業者，真的沒有多餘心力處理奧客的問題，因此撰寫公告文章時一定要「避免奧客上門」。

下面我要追加三條關於撰寫公告文章的注意守則。

①不要過度誇大自己

如果誇大自己的實力，讀者對你的期待也會跟著提高，變成抱怨「跟想像中差很多」的引爆點。

放大自我其實是一種對自己沒有自信的極端表現，請記得**你現在的知識與能力已足以用來經營事業**，請拿出自信，大方地以真實姿態向大眾發出公告吧。

②不要煽動讀者購買

畢竟在商言商，我們本來就必須提出消費者購買商品後能得到的利益。

但是，當你出於渴望賣出商品而過度強調利益時，極有可能吸引到另一種依賴型的顧客。你恐怕會造成他們懷抱過大的期待，因此誤導了讀者。

拿我這樣的創業顧問來說，最終需要出現改變的並不是我，而是前來諮商的顧客本人。

可是我若在文章裡誇張地說「購買這個商品就能提升業績！」，到時肯定會出現以為不需要努力就能看見變化的人來參加講座。

然而在現實中，當事人不採取行動，情況就不會有所改變，最後卻又埋怨「跟想像中不一樣」。

販售小型生活用品也一樣，最終決定是否購買的仍是顧客。

即便他們對成品並不滿意，顧客依舊要背負一半的責任。為了不讓彼此忘記這項認知，**撰寫公告文章時除了確實傳達商品的魅力，同時也要保持冷靜，不用言語煽動**

顧客。

不管你多麼想要推銷商品，如果做出煽動、誤導讀者的行為，就算東西順利賣出，事後恐怕也得疲於應付隨之而來的客訴問題。

③不要害怕拒絕對方

容我再重申一次，其實粉絲越少，事業反而會營運得更順暢。

如果只有真正與你產生共鳴的人來購買商品，對雙方來說互動感更舒服，也更有幫助。反過來說，**除了真正與自己有共鳴的少數人以外，我們不需要吸引其他人購買，最好也不要讓他們來購買。**

請拋開「任何人來買我都很開心」的心態，以某種程度的條件鎖定目標客群來撰寫文章，明確提出商品利益的同時，也要清楚標註「可能不適合哪些人」的但書。

部分讀者看到但書後，或許會向你提出「我也是這樣的人，那我是否不適合購買？」的疑問。

判斷一位陌生人並不容易，最好的辦法唯有順從自己的直覺。最基本的判斷方式是聽從你的第一印象，看看自己是否覺得「我想跟這個人當朋友」、「我想和他相處看看」。文字會流露出當事者的個性，若你覺得「我跟他不合拍」就不必勉強接受，委婉地用「這次可能幫不上忙」的說法拒絕他吧。

雖然有些人即便如此還是會購買，但**基本上先佈局鎖定客群，就可以排除大部分的潛在奧客了。**

07 在意他人觀感而不敢發文時……

覺得「好像在誇耀自己」、「感覺語氣高高在上」只是你多心了

以前很少在社群平台撰寫文章的人，對於主動分享有關自身或個人經營的事業會感到有點畏懼。

我在創業講座指導社群文章寫作術的實作課時，經常有學生表示「這樣寫會不會顯得太自大」、「這樣好像顯得自己高高在上」。

我可以先告訴大家，這是各位「想太多」了。

雖然沒有自信的人確實會刻意為了掩飾自卑，導致寫出來的文章感覺在誇耀自己、語氣自以為高人一等，但是**用心規劃事業，對未來懷抱願景並為此努力的人所寫出來的文章，肯定能夠超越原先的想法或意圖，不會帶有驕矜自傲、目空一切的感覺**。因為建立在厚實基礎上的理念，才是醞釀文章氛圍的決定性關鍵。

換句話說，最好的做法就是不打腫臉充胖子，寫出你真實的姿態，不要試圖找藉口或是掩飾缺點，老實寫出實話，如此你的文章才能夠打動人心。

假如這樣子還是有人認為你「好自大」、「目中無人」，那就果斷地告訴自己，那些人決不會是你的潛在顧客。

我們經營社群帳號的目的本來就不是為了增加一大群粉絲，因此你只要持續向願意接受你真誠文章的受眾分享資訊就好了。

如果你覺得自己沒有任何欺瞞，卻依然對發表文章有所遲疑，那也許是因為你對文中描述的真實姿態感到罪惡感。

舉例來說，你看到大家都在擠捷運上下班，自己卻悠閒在家獨立經營事業，其實心中某處還不敢容許自己這麼做，因而懷疑自己現在過這種生活的正當性。

雖然我們本來就不必為此背負任何罪惡感，可是在你還未認清「這就是我」的個人形象時，的確會對呈現真實自我感到卻步。

我想大聲地告訴這樣的人：「不用怕！拿出你的自信來！」請再一次把你的「熱情泉源」、「人物誌」、「利益」以及「未來願景」刻進你的心理。

我是為了哪些人而創立這份事業，我想為人們及社會做出什麼樣的貢獻。只要明白自己是能替社會帶來價值的存在，你就能率直地表現自我，毫不畏懼地向大眾傳播資訊。

如果不想被認識的人知道……

在另一方面，有些人儘管想要提高知名度，卻又不想被以前認識的人知道自己創立新事業，結果不敢自在地表現自我。

明明想讓更多人來認識自己，同時又不想被過去認識的人得知此事，雖然聽起來很矛盾，但是我經常會遇到有這種狀況的人。

在我們創業或經營副業時，通常會替自己想一個職稱，然後在社群媒體上表達自己的想法或闡述事業願景。因此對「積極推銷自己」感到害羞的人，便容易覺得不好意思被舊朋友看見。

如果你也有這種感受，請回想起接下來這段話——

雖然你「不想被他們知道」，可是他們本來就不是你的目標客群。社會上還有許多人需要你的知識與技能，你所做的事情是在向這群未來顧客進行宣傳。

你應該把關注點從「對創業感到害羞的自己」轉換成「需要你的知識與技能的陌生人＝未來顧客」。

假如你還是不想被舊朋友知道，那麼創立一個新的事業專用帳號，就能立刻解決問題了。既然對方不是你的潛在顧客，就算你用他們不知道的帳號宣傳事業內容，也完全不會造成任何損失。

雖說用其他帳號進行宣傳，以後也有可能會被他們發現，不過到那個時候，對方就會真心地祝福你了。

當你已盡可能保密卻仍然被他們發現，正表示你的知名度提升，已經達成培養粉絲第一階段需要獲得一定識別度的目標，所以你應該為自己感到高興。

而且很神奇的是，舊朋友知道後，通常不會出現你以為「會被嘲笑」、「會被他們拒絕往來」的情況。

當初我剛開始經營個人事業時，也是選擇創立新的工作用帳號，在老朋友與前同事不會接觸到的範圍進行宣傳，因為我也有些排斥在老朋友也知道的地方宣傳工作內容。

但是到了某一個時間點，我有時會收到以前的朋友傳來訊息。

「我偶然發現看了一下，妳還是一點也沒變呢。」

「其實我之前就有在看妳的部落格了，我可以去參加下次的活動嗎？」

曾有以前學生時代的朋友看完部落格文章後留言給我，或是久違地跟上班族時期的前同事見面時聽到他說：

「之前聽妳說過想要創業，所以我上網搜尋過妳的名字，一直默默在為妳加油，也受到不少的激勵。」

直到以前的公司前輩或後進找我商量職涯規劃的次數逐漸增加，我才猛然察覺一件事。

因為我設定的人物誌是「像我以前一樣的人」，所以過去曾經來往過的朋友之中，若出現有人跟以前的我抱持同樣煩惱——也就是符合我人物誌的顧客——其實一點也不意外。

到頭來，**最重要的仍是要忠實地表現自己**。你會發現「萬一被舊朋友知道我開始經營這份事業，他們會不會……」的想法，其實大部分都是自己多心了。

08 懂得「留白」才能提高文章內容的品質

保留「半天的空白時間」，提升你的資訊傳播力

必要性的「留白」，可以維持高品質的分享內容。

所謂的留白指的是「心情上的留白」，而設定「空白時間」就是打造心情餘裕的方法。部落格是連結經營者與粉絲的地方，所以每次要傳達訊息時，當然都要盡量用心地撰寫文章。

然而面對忙碌的生活，心情也會跟著變焦躁，無法靜下心處理「寫作」這件事。文章語句更會反映出浮躁的心情，使讀者默默感受到你對待文章的敷衍態度。

因此確保有足夠的時間撰寫文章，才能夠提高內容的品質。

尤其是針對不擅長寫作，或是不習慣寫長篇文章的人更要注意這一點。

儘管如此，我們很難隨時騰出時間，所以請試著特地空下約半天的時間，專心地投入寫作。

透過這樣的做法，你會親身體會到**用心思考內容、編排淺白易懂的文章結構、寫完之後修改到滿意為止**的重要性。

親自讀過「隨便快筆寫出來的文章」及「經過精雕細琢完成的文章」，你一定能看出兩者傳達訊息的效果完全不同。靠這個方式一口氣提升寫作能力，以及理解自己能夠寫出滿意的文章，都會為你帶來持續更新部落格的自信。

試著確實用心地寫好一篇文章

這是我的親身經歷。

剛創立事業那半年，我把這份工作當成副業，遇到公司業務繁忙時，實在很難擠出時間執筆。這種情況下寫出來的文章，總覺得內容不夠深入又不易閱讀。

此時我靈機一動，索性安排「沒有任何行程的一天」，試著好好地寫出一篇自己覺得滿意的文章。

當天的我全心全意與自己進行對話。在筆記本上記錄靈感，也從書籍裡汲取知識，然後將想法化為用心鋪排的句子。

結果文章就像想法與話語彼此產生共鳴，一句接一句地浮現，順利完成一篇「我就是要表達這個意思！」的文章。

我就是在那時得到切身的體會，並且恍然大悟地明白「這樣才叫表現自我」。後來我慢慢變得有能力，寫出讀者願意做出反應的文章，而且透過他們的回應，感受到「我的訊息的確有傳達出去」。

我不是要求大家每次都要用半天時間寫出一篇文章，只不過當你曾經感受過「我能寫出一篇很棒的文章！」，心情會進入完全不同的層次。所以**請先空下半天的時間，告訴自己「這段時間不要安排任何行程」，全神貫注地完成一篇文章吧**。

能夠寫出一篇滿意的作品，表示你已經掌握「撰寫可以傳達主旨的文章」的訣竅，往後你所分享的內容品質也將漸入佳境。

09 萬一遇見「黑粉」也不要直接開戰

■ 避免正面對決，用其他方式解決問題

本書談論的「社群內容經營祕訣」是為了打造對自己及消費者，皆能感到舒適自在的商業空間。

而有些人早就料到，會有一定人數的黑粉出現，所以先選擇正面迎敵的做法，但最好的還是沒有黑粉，又能產出高額業績的狀態。

但是，事業穩定營運並且開始做出成績後，難免會出現否定你的留言。謹慎起見，為了以後可能會遇到這個問題，我還是先跟大家談談，有關出現黑粉時應該做的心理準備吧。

如果你遇到黑粉，切記「不要直接開戰」，「尋找其他方式排解自己心中的鬱悶」。

能夠不把黑粉的攻擊話語放在心上當然是最好的，不過大部分的人恐怕都會十分在意。倘若你因此感到難過，請不要無視自己受到的傷害。

不過，就算你試著要對抗那些黑粉，到頭來只會令自己陷入互噴口水的泥沼，消耗你的精神力。因此，我建議大家「不要正面與之抗衡」。

相對地，你可以找人聊一聊，或是以不責備黑粉的形式撰寫新的文章抒發心情，尋求其他方式安撫你受傷的心靈。

看看那些支持自己的人

其實不久前，我也收到了黑粉的留言。

因為我以前從來沒有遇過這種情況，所以內心多少有點吃驚，但我最先浮現的想法其實是「終於還是出現了」。我告訴自己「不要理他」，徹底無視那則留言。

然而我只是自認為可以無視它，繼續正常地過生活，其實心裡為此感到非常煩悶。

當我跟主持廣播節目的本田晃一先生訴說我終究還是遇到黑粉了，他便開口問我：

「妳內心真正的感受是什麼？」這時我才察覺「其實我根本不是心如止水」。

於是我寫了一篇文章，標題是「看見黑粉的留言，表面逞強假裝不在意的愚笨故事」，結果收到好多人的鼓勵及關心的留言。

看見這些平時支持我的人充滿愛的話語，我才終於打從心底感到釋懷——

「世上當然會有討厭我的人。」

「但是，我只要跟相信我的人一起努力就好了。」

真真正正地排解掉心中的煩悶感。

經常有人說，黑粉的留言其實是「憧憬」、「喜歡」的極端表現，所以你根本不需要把那些話放在心上，話雖如此，實際上看見那些酸言酸語時依舊很難不去在意。

儘管大腦很清楚，自己也想試著解決問題，但內心的傷害卻無法抹滅。

所以最好的處理方式是，先好好安慰受到傷害的自己，然後去找人談談，或是在部落格上抒發這件事，透過行動把注意力移回你的支持者身上。

Chapter

05

打造金流源源不斷的結構

01 克服心理障礙，錢自然會入袋

你心中「希望能獲得這些錢」的金額，即是適當價格

現在有些人還保有將「金錢」視為骯髒之物的思維，我對此感到很遺憾。無論是電視劇中將有錢人形塑成壞蛋、早早被人殺害的形象，或是帶狀節目中拿有錢人家道中落當話題，企圖暗示觀眾「太得意忘形的人就會有此下場」的作風皆是如此。大眾對於有錢人的印象不外乎是「大壞蛋」、「奸詐小人」、「總有一天會遭受報應」，這或許跟國民在意識上，一直無法大方接受金錢價值有關。

雖然內心很想成為有錢人，卻又對富裕的人帶有一種厭惡感——總是抱持這種想法，金錢就不會進入你的口袋，因為你早已把流通在社會上的金流拒之於門外。

在另一方面，我覺得大家也有「錢必須靠勞力獲得」的刻板觀念，連帶形成「輕鬆賺錢是不當行為」的心理障礙，這一點或許也跟「只有如時薪之類的固定薪資才是錢」的思

考模式有關。

「依照自己的年齡，月薪〇〇圓才是行情價。」

「靠幾十分鐘就能完成的事情來賺錢，感覺不太合理。」

你是不是也有這樣的想法呢？

不管是月薪、時薪，那些都是別人為你決定的金額。對過去從事打工、兼職、正職員工的人而言，「替自己訂定價格」意外是一件有難度的事。

其實為創業或副業的產品服務定價很簡單，只要把「我希望能獲得這些錢」設定為價格就好了。

但是，似乎有很多人因為心理障礙，沒辦法直率地訂定價格。

如果各位有踏實地執行本書前面所提到的內容，那麼靠創業或經營副業，拼出年收一千萬日圓絕非一場白日夢，為了達到那種等級，讓自己的事業成長茁壯，請各位跨越對金錢的心理障礙吧。

實際接觸「模範楷模」，或仔細感受物品的價格

有兩種方法可以解除我們對金錢的心理障礙。

第一種是**實際去接觸輕鬆又快樂地賺錢的模範楷模**。

最好是能夠當面見到對方，假如不行的話，大量參考該對象的部落格或社群帳號也具有效果。

跟能夠輕鬆快樂賺錢的人接觸以後，自己也會受到感化，漸漸消除「人必須付出苦力才能賺錢」的刻板印象，了解「原來也有這種賺錢的方式」，繼而接受自己也能輕鬆賺錢的想法。

另一個方法是**比以往更仔細觀察物品的價格**。

比如「便利超商一杯三十五元的咖啡」跟「飯店交誼廳一杯五百元的咖啡」，比較兩者之間到底有什麼差別？

雙方訂定的價差也許包含咖啡豆的原價成本，但更主要的差異仍是在於「該場所帶給顧客的享受感」。

放鬆的空間、鬆軟的沙發、貼心的服務……正因為我們對僅僅一杯咖啡能夠帶來的附加價值感到滿意，所以才願意付出比超商高將近十五倍的價格。

第一眼看見飯店交誼廳的咖啡價格時，我們通常會覺得「好貴！」，**可是當我們把目光轉向飯店能給予的附加價值，就會心甘情願地付錢了。**

換言之，物品的價格不止單純受到成本、耗費的勞力與時間多寡的影響，更包含數字無法衡量的價值——「利益」。**如果消費者感到滿意，他們就願意花錢。**

個人創業與經營副業也完全符合這個道理。

你應該也有試圖為自己預期的目標客群，提供這些無法具體量化的利益吧？

只要更加仔細地觀察物品之所以會訂定其價格，你也會開始理解「自己想為顧客提供的價值所在」，坦率地接受「我值得收下這筆費用」。

02

「太貴會賣不出去」只是一種刻板想法

「期待價格帶來的滿足感」是正常的人類心理

自行定價的時候，我們也會因為「害怕太貴會賣不出去」的想法，擔心「價格會不會設定過高」。就算心中想要訂定合理的價格，卻受到「太貴會賣不出去」的思維影響，促使自己忍不住調降價格。

事實上，商品不會「因為太貴而賣不出去」，大多數的情況是「價格越昂貴反而更熱賣」，因為消費者往往有「因價格產生期待」的心理。

舉例來說，如果蒂芬妮的 T-smile 項鍊只賣三千元台幣，你並不會覺得「好便宜！」反倒因此感到有點失望，懷疑是不是品質下降而喪失購買欲望。若勞力士只賣一千五百元台幣，你也會有同樣的感受。

消費者願意為高級精品付出高額金錢，是因為對價格背後代表的品牌歷史及品質保證有所期待。「付出這筆錢，就能穿戴值得信賴的品牌所推出的高級商品」——正是這種期待感讓人願意把錢拿出來。

從這個範例大家應該能明白，市場上絕大多數的情況並非「太貴會賣不出去」，反而是「因為價格昂貴才會熱賣」。

■ 高價商品能夠帶來的三個好處

那麼個人創業及經營副業的時候又該怎麼辦呢？雖然你可能會認為「我不是什麼一流品牌，還是定價便宜一點比較好吧？」但我依然不建議因為害怕賣不出去，就調降價格的做法。

即便是最初為了測試市場而訂定的試賣價，也應該以未來將會提升到符合期望價格的前提適當定價。我認為大家要相信自己的魅力，以及你提供的商品的確具有其利益價值，把「希望能獲得這些錢」的金額，設定為價格的原因為以下三點。

①即使不是一線品牌，消費者依然會因價格抱有期待購買

意思就是仍有人會抱持「既然要價這麼貴，肯定能獲得極佳體驗」的期待感而選擇購買。

②出於期待感選擇購買的人，一定都是好客人

換句話說，以「希望能獲得這些錢」的金額作為價格，我們就能打造讓自己與顧客都能感到舒適自在的商業體驗。

你也可以暫定一個試賣價格以感謝顧客平時的支持，或是為新事業項目試探市場水溫。這時你應該會實際感受到比起用試賣價格購買的人，那些願意以原價購買的顧客，因為對商品的期待感更高，有更好的心態與積極的動力，以及對商品價值的接受度也相對較佳，最終滿意度也會隨之提高。

而高滿意度的顧客不僅有高機率回購，也會成為宣傳好口碑的幫手，所以願意支付高額費用的消費者，反而能夠替事業進一步發展帶來貢獻。

③能夠提高打造與高昂價格匹配的產品或服務的動力

我們應該利用所學的知識與技能，將顧客的體驗收穫提高到何種程度呢？以我為例，我將講座的目標設定得比較高，希望「幫助零基礎的人，學會每天寫出高品質的部落格文章」。除此之外，面對支付高額費用的顧客，我更有動力發揮附加服務的精神。

例如選在有點高級感的飯店會議室舉辦講座、送參加者精美的小禮物之類的額外準備。有一段時間，我也曾送給大家如愛馬仕的筆記本這類「平常大家不太會主動購買，但收到會很開心，並且能提升幹勁的物品」。

一般在知名品牌或是精品店購買大量商品後，通常會附贈精美的品牌宣傳物，為購買高價商品的顧客準備「附贈小禮物」，其實就是在模仿這種手法。

如上面所述，訂定高額的價格不僅能強化自己的動力與服務精神，還能提升顧客滿意度，使他們成為回購的客人並替你宣傳好口碑，從此打造出良好的循環。

降價等於是降低自己的價值。如果心中懷抱著熱情，為符合人物誌的目標客群帶來利益的魅力就是你的價值，那麼請不要低估你自己。

請在此時此刻，徹底拋開「太貴會賣不出去」的刻板想法吧。

03 假如招攬不到顧客，就試著改變「做法」

理想模式是從少數慢慢擴張

明明已經持續宣傳一段時間，也正式介紹過商品，卻總是招攬不到顧客，這種情況其實並不少見。大家千萬別因此喪失自信，懷疑自己「是否沒有這個價值」，因為就算沒有吸引到顧客，也絲毫無損你的價值。

而且剛開始經營的時候，只有極少數的人購買反而比較好。倘若在還不熟悉事業運作模式的階段忽然湧入非常多的消費者，你肯定會陷入一陣手忙腳亂，導致接待顧客的態度變隨便、商品品質變差，最終招來顧客的不滿。

然而只有少數的消費者時，即使還不習慣經營模式，你依然可以好好地服務每一位顧客。願意購買你還沒打出知名度的商品，表示顧客對你有所期待，且有心給予支持。

雖然這樣說不太適當，但面對這樣子的顧客，就算不小心出現一些小失誤也無傷大雅。他們會回饋實用的建議，幫助你提升商品的品質。

如果想要打造自在的商業模式，像這樣從少數顧客慢慢擴大經營是比較好的方式。

改變不會降低你的價值！

假如你還是覺得顧客實在太少了，也許會需要重新修正幾個重點。

但即使如此，你的價值也不會有任何改變。而且實際列出無法吸引顧客的原因後會發現，往往都是因為「沒有將資訊準確傳達給有需求的目標對象」或是「經營方向偏移」。

用傳接球來比喻的話，就像你的投球距離過短，或者是搞錯了投球方向。

這顆從手中投出去的球等於是你的價值。無論你是否投球距離過短或是投向錯誤方向，球依然是球，本質並不會變。

「做法」才是造成資訊未準確傳達給需要的目標對象，及商品設計方向偏移重點的原因，並非你想傳達的事物有何不妥，換言之，改變做法決不會損害到你本身的價值。

假設有一個人曾經在公司打滾多年，後來決定獨立創業。就算他暫時吸引不到顧客，他身上磨練多年的能力也不會消失。同理也可套用在大家身上，請不要忘記這一點，鼓起勇氣重新調整你的做法。

如果無法吸引顧客的問題，是出在你鎖定的對象較少使用你選擇的社群媒體，那麼更換經營平台也是一種解決辦法。

又或許是符合人物誌的對象，其實對你的產品服務沒有那麼高的需求度，那你就要重新調整人物誌的設定。

除此之外，原因也可能是商品能帶來的利益跟人物誌對象出現落差，以致於你的產品服務優點，無法打動符合人物誌的客群。

前面曾經提過一個範例，同類型商品的人物誌年齡設定就算只差了五歲，你所主打的商品利益也會跟著改變。假如你的商品利益並不符合人物誌的目標對象，修正利益方向也是一種方法。

無論是修改人物誌或利益，都是為了在修正經營軌道後，能將你的販售資訊順利傳遞給真正有需求的人。隨後你將會發現顧客開始有所反應，招攬客人的成效也逐漸出現變化。

重新檢視做法，確認有順利傳遞訊息或是走在正確的方向

前面提過，持續宣傳仍得不到回應的情形，有可能是因為「投球距離過短」或「投球方向錯誤」。

接下來我想列舉幾個具體範例，向大家說明如何修正「做法」。

①遇到「知名度不足」、「缺乏文章品質」的情況

投球距離過短可能代表著「知名度不足」或「缺乏文章品質」。

如果是「知名度不足」，以傳接球來說明，你應該停止長期餵球給相同的五名接球者，想辦法慢慢從五位目標接球者增加到十人、五十人，那麼願意主動接球的人就會變多了。

下列的做法有助於達成這個目標：

- 針對使用同社群平台的使用者，主動追蹤、登錄訂閱、留言等等。

- 告訴認識的人「我開始分享這類的資訊」。
- 傳私人訊息給經營同類型內容或興趣喜好相近的人，或是參加目標客群與自己相近的人所舉辦的線上活動、社群活動，和他們互相交流。

假如造成問題的原因是「缺乏文章品質」，那麼請別再使用專門術語，改用目標客群更容易理解的用詞。在文字表達方面多下一點工夫，寫出乍看之下就能吸引目光的文章，願意接你球的人就會變多了。

舉個例子，假設有一場講座，主題是向經營個人沙龍的入門新手，指導增加回頭客的祕訣，如果賣家將商品名稱取為「讓新客戶成為回頭客的方法」，民眾很難看出這場講座究竟要講什麼，也看不出對目標客群有什麼利益可言。

所謂的「回頭客」是一種行銷術語，意思是「重複購買的顧客」。當賣家以不了解此概念的入門新手，做為目標客群銷售產品時，在名稱中使用這句用語絕非良策。

我們應該把「回頭客」這個專門術語改為更加平易近人的說法，例如「打造客人願意多次參加的個人沙龍」、「每個月都預約滿額的沙龍經營祕訣」，這樣子才能讓剛踏入該領域的新手也能立刻看出商品利益。這是我實際向某位講座學生提供的建議。

②遇到人物誌與傳播內容有落差的情況

另一方面，投球方向錯誤指的是，你所建立的人物誌跟傳播內容或手法出現落差。

舉幾個例子：

- 明明鎖定對象是「粉領族」，卻總是在「平日白天」更新，販售平日白天才舉辦的商品活動。

↓由於更新時間不符合人物誌（粉領族）的條件，需要改在目標客群能夠查看訊息的夜間或早晨時段上傳新內容，也要更改活動的舉辦時間。

- 明明是推銷「主打高級感的個人教練訓練課程」，卻在「年輕人愛用的抖音上傳形象活潑的影片」。

↓由於人物誌（了解高級感背後價值的成熟女性）跟社群平台的使用者客群不相符，需要改成目標客群較常使用的社群媒體。

這邊列舉的例子是相對簡單易懂的修正方式，實際上仍須根據情況選擇配合人物誌更改商品內容，抑或是配合商品內容更改人物誌的設定。

假設有一份內容主打「四十幾歲女性逆齡抗衰老」的商品，賣家卻經常分享「二十幾歲女性熱愛的廉價商品情報」。

如果不想更動人物誌，就把內容改為「分享對四十幾歲女性有效的抗衰老藥妝產品」，這樣更容易把訊息傳達給目標對象。

不過，若有許多二十幾歲的讀者提出「想了解資訊」的需求，而你也想要給予回應，那就改變人物誌的對象吧。但是這樣的話，你必須重新思考商品內容、如何提供給客戶及價格定位等等細節。

不更動人物誌，選擇改變分享資訊或商品的內容；或是不更動分享資訊及產品內容，選擇改變人物誌。

無論是哪一種，經營基礎都是來自於你的熱情泉源，請回頭再深入挖掘，依照自己的感覺去做判斷。

04

開始架構你自己經營事業的模式

「以低價大量銷售」還是「以高價少量銷售」？

目前大家讀到這裡有什麼感想？

你是否已經可以想像自己有能力經營什麼事業呢？

該怎麼整理思緒、該如何實際操作……有些人雖然了解這些概要，但把主角換成自己時卻依舊抓不到具體要領。

對這樣的人而言，最好的辦法就是參考成功範例。

接下來我將介紹我的創業講座畢業生以及創業夥伴中，目前已順利在新事業或副業領域闖出一片天的實際案例。

創業及經營副業的模式有好幾種類型。

其中特別值得注意的是「衝業績的方式」，主要分成「以低價大量銷售」及「以高價少量銷售」兩種模式。

比如同樣是目標月收五十萬元台幣，你可以選擇「以單價五萬元分別賣給十個人」或是「以單價十萬元分別賣給五個人」來達成業績，大部分會因職業種類而做出不同的選擇。

這是「本業還是副業」？是否具有「職業連續性」？

你是要經營「本業」還是「副業」的觀點思考也很重要。有的人只打算當成副業，但也有人原本是從副業開始經營，後來正式轉為本行。我想這應該能當作各位創業，或安排副業的參考職涯路徑。

在這當中，也有許多開創高營業額並因此開公司的經營者。換句話說，你可以想像自己從個人經營者入門，然後進一步開公司、開始雇用員工，繼續擴大事業體的未來願景。

除此之外，你也可以從「職業連續性」的觀點出發。有些曾經待過公司的人，後來會選擇獨立經營相同領域的事業，然而也有人選擇走向完全不同的業種，開拓新領域。而沒有在公司任職過的人，也能將興趣或日常生活中培養的技能，當作事業經營的內容。

這兩點應該能作為你的思考基石，了解目前自己有哪些知識或技能，又該如何活用它們來創立事業。

最後我希望大家注意「追蹤粉絲數」。

下頁列表是我的一些創業夥伴及創業講座畢業生的資料，他們的收入都相當可觀。除了擁有大量粉絲數的Instagram網紅以外，其他人的粉絲數其實都不算多。

所以我們可以做出結論，**只要設定明確的人物誌，專門為他們設計事業項目，最終就能創造亮眼的業績**。

請各位參考看看，哪一個案例最符合你的情況呢？

講師業		沙龍課程	
顧問、諮商師、個人造型師		美體美容課程、料理教室	
瘦身教練（協會理事）	經營整復推拿店	料理教室（經營線上課程及實體料理教室）	美胸專業沙龍師
本業	本業	副業→本業	本業
創立公司第十六年	個人經營四年→成立公司第二年	創業第六年，成立公司第四年	個人經營第三年
無 當十二年家庭主婦後自行創業	有 任職於整復推拿店五年後獨立創業	有 擔任家政科教師時跟料理家拜師學藝，利用租賃廚房的方式經營副業後獨立成立公司	無
高價×少量	高價×少量＋低價×多量	高價×少量＋低價×多量	高價×少量
125萬日圓	250萬日圓	100～700萬日圓	50～100萬日圓
	介紹	Instagram、部落格	

■ 創業夥伴與講座畢業生的創業進展

職種分類	技術型創作人員			
	插畫家、攝影師、寫手、設計師、司儀主持業			
目前職稱	網站設計師	攝影師	餐會規劃師	出版作家
本業／副業	本業	本業	副業→開公司	本業
個人事業經營資歷	個人經營六年後，成立公司一年	個人經營第五年	創立公司第二年	個人經營第十年
職業連續性	有 在網頁設計公司任職五年後獨立創業	無	無	有 曾任職於一間編輯製作公司六年，兩間出版社共計四年，之後獨立創業
銷售模式	高價×少量	高價×少量	高價×少量	高價×少量
月營收	100萬日圓	80萬日圓	副業時5～15萬，目前超過100萬日圓	50～120萬日圓
吸引顧客的方法	靠顧客評價及互相介紹	個人：Instagram、部落格、臉書／公司：介紹		

代理業			事務協助	
業務代理、人事代理、公關代理			辦公事務員、會計	
PR管理師（公關代理）	PR企劃（公關代理）	企劃顧問（公關代理）	創業家事務助理	社長秘書
本業	本業	本業	副業	兼職
個人經營第二年	個人經營第八年	個人經營第五年	個人經營第五年，現居紐約	個人經營第二年
無 從經營瘦身沙龍課程轉行	有 在公關公司任職三年，企劃公關任職二年後獨立創業	無	無	有
高價×少量	高價×少量	高價×少量	高價×少量	高價×少量
50萬日圓	100萬日圓	80萬日圓	15萬日圓	25萬日圓
靠口碑拓展新客戶，也有經營臉書				

職種分類	沙龍課程	商品零售	證照	網紅
	美胸專業沙龍師	飾品、生活用品、點心、手工藝品等等	藥師、護理師、助產師	YouTuber、部落客、IG網紅
目前職稱	經營美容院	販售生活用品	理財規劃師	IG網紅
本業／副業	本業	副業→本業	副業	副業
個人事業經營資歷	公司經營第十年	個人經營第三年	個人經營第五年	個人經營第四年
職業連續性	有 在東京、長野、沖繩當美容師十年後獨立創業，現在旗下有五家分店	無 原本是月薪24萬圓的粉領族，以販售手作生活雜貨為副業，後轉為本業經營	有 在銀行任職十年，取得理財規劃師證照後開始經營副業	無
銷售模式	低價×多量	高價×少量＋低價×多量	低價×多量	低價×多量
月營收	80～100萬日圓	副業時4～5萬，現在為80～180萬日圓	30萬日圓	50～100萬日圓
吸引顧客的方法	網路行銷、HOT PEPPER美容網站、介紹			加入網紅團隊

05 打造源源不斷的金流

■「後端」與「前端」

商業賺取利益的行銷戰略，分為「前端」與「後端」兩種思考模式。由於這是經營社群帳號相當重要的思維，因此我放在最後一章說明。

①前端：追求新顧客，以低價傳達商品

「前端」是指用來吸引消費者的商品，其目的不是以利益為主，而是尋求與新客戶的交集點，協助消費者了解商品的優點。因此不僅要設定顧客容易下手的金額，更需要打造清楚傳達賣家或商品優點的商品設計。

在個人創業與經營副業的領域，聚會、商品試賣、低收費講座、免費電子書、低價銷售或贈送影片等等都屬於「前端」。

② 後端：針對鐵粉設計推出高價值的商品

「後端」指的是高定價或預期能夠長期販售的商品，其目的是獲取利益。此類商品的目標客群是身為支持者的既有顧客，所以除了能夠推出高定價商品，也會比前端模式付出較少的勞力。

利用以上兩者雙管齊下，即可打造獲利穩定長久的事業結構。

讀到這裡，大家可能會誤以為應該先從前端拓展客群，然後慢慢導向定價更高的後端走向才是理想模式，實際上恰恰相反。**尤其是獨立創業及副業經營者，我建議還是先建立好後端體制。**

本書談論的建立事業方式，就是在協助各位建構後端經營模式。從找出熱情泉源、建立人物誌、設定利益，再透過社群平台傳播商品價值，吸引支持你的人現身並進一步購買商品。

前面已經提過，願意購買高價商品的顧客，心態、動力、對商品價值的接受度都很高，容易提升顧客滿意度，這些都能為你帶來回頭客及優良評價。

只不過，即使忠實粉絲已願意購買高價商品，以長期經營的角度來看，也難保商品內容不會逐漸枯竭。

為了打造更穩固的利益結構，我們也要透過前端模式追求新顧客。

依照步驟將利益最大化

由於前端會提供低價，有時甚至是免費的商品，相對於付出的勞力，獲利似乎比較微薄，實際上也的確會出現經費大量支出導致虧損的情形。

但是對前端商品感到滿意的顧客，其中必然有幾成比例的人想要接觸後端產品。

儘管前端模式在短期內不划算，長期下來卻能獲得超越損失的利益，這就是前端商品的效果。

我建議各位先全力主打高價商品，等到獲利穩定之後再提供低價或免費的產品。

①培養忠實粉絲，銷售高單價商品（靠確定會購買的顧客獲得利益）

②利用低單價商品拓展新客戶（培養購買高單價商品的潛在顧客）

③把新顧客變成忠實粉絲（讓新顧客成為回頭客，並願意購買高單價商品）

按照此順序思考，慢慢建立你的經營模式，想辦法將利益最大化，然後跟忠實粉絲一起拓展事業吧。

06 成為自己最棒的「頭號粉絲」

■ 商品看的不是能力而是你自己

無論販售什麼物品或課程，都不能忘記要磨練技能。

但是大家也容易陷入「唯有出色的能力才是自己的價值，我必須把能力鍛鍊到極致」的刻板想法。這種想法會令你永遠認為「我現在的能力還不夠好」、「我的東西還賣不出去」，一心只想要提升能力，反而遲遲踏不出行銷自己的第一步。

此外，以講師為業的人若只想著推銷自己的能力，最終也只會吸引只想追求技能的顧客上門。

他們不像是要跟你一起提升生活品質與價值觀的夥伴，而是經常對得失斤斤計較，「只想趕快獲得好處」，莫名充滿劍拔弩張的氣氛。

難得下定決心獨立創業，當然想用自在的心情來經營。如果你是這種想法，那麼把能力視為自己的唯一價值絕非上策。

一如本書內容所述，忠實粉絲會對你的生活風格或價值觀產生共鳴，「主動想跟這樣的你購買商品」，換句話說，「你本身」就是商品。

有自信的人才會賺錢

坦白說，我一直認為「擁有自信」比「擁有頂尖能力」更為重要。因為充滿自信而散發魅力的文章能夠吸引追蹤者成為你的粉絲，然後再晉升成忠實粉絲。

其實在創業與經營副業的領域，「能力最好的人才能賺最多錢」的法則不一定成立。比起「有頂尖能力卻缺乏自信的人」，「能力尚佳但充滿自信的人」更容易吸引忠實粉絲。

也就是說，你必須先認同「自己的個人價值」。率先成為自己的頭號粉絲，正是成功創業及經營好副業的首要條件。

- 自己想要提供的商品，未來能夠帶給某個人笑容。

・自己的存在將成為一道光，照亮某個人的人生。

像這樣能夠認同自己價值的人，會順利變成賺大錢的人物。看過許多創業講座畢業生的我對此也深有所感。

或許你對未來還無法想像到這種程度，但也不必擔心。就算你現在還不是第一名，將來當你打算「以這份能力來賺錢」的時候，你的能力早已擁有無可取代的價值。這也將成為你的希望種子，幫助你跟忠實粉絲並肩開創世上獨一無二的事業。

結語

我在二十歲後半的時候，歲月經常在煩惱未來的工作模式，每當心情煩悶就會默默繞去書店，看到有興趣的書就買回家，趁著休假日讀遍每一行每一句。

有時我會試著說服自己，「書上說他是從一介普通上班族創造成功，那我說不定也可以辦到」，有時卻又覺得「這是擁有特別天份的人才能辦到的異次元白日夢！」而氣得闔上書本。

現在讀完本書的你，有什麼樣的感想呢？

雖然我也曾經為此苦惱，但多虧有許多書籍，以及有緣相遇的創業前輩們給予我勇氣，我才能下定決心獨立創業。我覺得現在應該輪到自己來幫助大家，所以才提筆寫下這篇「結語」。

我們身處一個無論是誰都能擁有粉絲的時代。如同本書內容所述，即便你沒有數萬、數十萬的粉絲，你也能夠以此維生。如今我的身邊已有許多人擁有好客戶，可以按照自己舒服的步調經營長期受到愛戴的事業。

往後這股潮流毫無疑問會不斷加速及擴大規模。

最後我想跟大家分享至今看過許多會賺錢的人當中，我覺得「最不一樣的特點」來為本書收尾。

「會賺錢的人」能夠接受以不完美的自己來賺錢，這是「賺錢祕訣」中最核心且最重要的一點。

多年來，許多受人喜愛的動畫主角大多都是充滿缺點的角色，但大家依然覺得他們很可愛吧？其實，同樣的道理也可以套用在各位身上。世界上沒有人是完美無缺的，不過這樣的人仍然會受到喜愛、得到支持。

因此，你要做的不是先打造完美的自己再投入事業，而是以當下真實的你直接起步。

努力為他人帶來笑容，從他們手上收下金錢，接著再拿這筆收下的錢，花在最能讓自己感到開心的事物上。這樣的話，你眼前一定能看到完全不同以往的風景。

我由衷祝福各位能夠活用自己獨一無二的特色，打開那道通往尚未見過的世界之門。

藤ΛYA

NOTE

NOTE

台灣廣廈 國際出版集團
Taiwan Mansion International Group

國家圖書館出版品預行編目（CIP）資料

鐵粉狂下單社群經營變現術：業績破億的電商女王教你打造品牌、創造互動率、紛絲養成、定價策略，不用爆紅、不是KOL也能賺大錢！/ 藤AYA作；鍾雅茜翻譯. -- 初版. -- 新北市：財經傳訊出版社, 2023.01
面； 公分
ISBN 978-626-7197-08-0(平裝)
1.CST: 網路行銷 2.CST: 網路社群

496　　111018943

財經傳訊
TIME & MONEY

鐵粉狂下單社群經營變現術

業績破億的電商女王教你打造品牌、創造互動率、粉絲養成、訂定價格策略，不用爆紅、不是KOL也能賺大錢！

作　者／藤AYA
翻　譯／鍾雅茜
編輯中心編輯長／張秀環 · **編輯**／陳宜鈴
封面設計／曾詩涵 · **內頁排版**／菩薩蠻數位文化有限公司
製版 · 印刷 · 裝訂／皇甫彩藝 · 秉成

行企研發中心總監／陳冠蒨
媒體公關組／陳柔彣
綜合業務組／何欣穎
線上學習中心總監／陳冠蒨
產品企製組／顏佑婷

發 行 人／江媛珍
法律顧問／第一國際法律事務所 余淑杏律師 · 北辰著作權事務所 蕭雄淋律師
出　版／財經傳訊
發　行／台灣廣廈有聲圖書有限公司
地址：新北市235中和區中山路二段359巷7號2樓
電話：（886）2-2225-5777 · 傳真：（886）2-2225-8052

代理印務 · 全球總經銷／知遠文化事業有限公司
地址：新北市222深坑區北深路三段155巷25號5樓
電話：（886）2-2664-8800 · 傳真：（886）2-2664-8801
郵政劃撥／劃撥帳號：18836722
劃撥戶名：知遠文化事業有限公司（※單次購書金額未達1000元，請另付70元郵資。）

■出版日期：2023年01月
ISBN：978-626-7197-08-0